한국산업인력공단 새 출제기준에 따른 최신판!!

1일 완전합격

지게차
운전기능사
필기시험문제

대한민국 국가대표 브랜드

국가자격 시험문제 전문출판

에듀크라운
국가자격시험문제 전문출판

최고의 적중률!! 최고의 합격률!!
크라운출판사
국가자격시험문제 전문출판
http://www.crownbook.com

40여년간 5천만이 합격한 명품도서

CROWN BOOKS

21, Yulgok-ro 13-gil, Jongno-gu,
Seoul, Republic of Korea

T. 1566-5937
F. 02-743-2688

E-mail : marketing@crownbook.co.kr
Homapage : www.crownbook.co.kr

◈ 응시절차(자격증 시험 신청부터 자격증 수령까지)

원서접수(필기)

- Q-net을 통한 인터넷 원서접수
- 필기 접수 기간 내 수험원서 인터넷 제출
- 6개월 이내에 촬영한 3.5cm×4.5cm, 120×160 픽셀 사진 파일(JPG), 수수료 전자결제
- 시험장소 본인 선택(선착순)

필기시험

- 수험표, 신분증, 필기구(흑색 사인펜 등) 지참

합격자 발표

- Q-net을 통한 합격확인(마이페이지 등)
- 응시자격 제한 종목(기술사, 기능장, 기사, 산업기사, 서비스 분야 일부 종목)은 사전에 공지한 시행계획 내 응시자격 서류제출 기간 이내에 반드시 응시자격 서류를 제출하여야 함

원서접수(실기)

- 실기 접수 기간 내 수험원서 인터넷 (www.Q-net.or.kr) 제출
- 필기 접수 기간 내 수험원서 인터넷 제출
- 6개월 이내에 촬영한 3.5cm×4.5cm 사진 파일(JPG), 수수료(정액)
- 시험일시, 장소 본인 선택(선착순)

실기시험

- 수험표, 신분증, 수험자 지참 공구 지참

최종합격자 발표

- Q-net을 통한 합격 확인(마이페이지 등)

자격증 발급

- (인터넷)공인인증 등을 통한 발급, 택배 가능
- 사진(6개월 이내에 촬영한 3.5cm×4.5cm 사진) 및 신분 확인 서류

검정방법

	필기시험	면접시험 / 실기시험
기능장	객관식 4지 택일형(60문항) (100점 만점에 60점 이상)	구술형 면접시험 (100점 만점에 60점 이상)
기사	객관식 4지 택일형(과목당 20문항) (과목당 40점 이상 전과목 평균 60점 이상)	작업형 실기시험 (100점 만점에 60점 이상)
산업기사	객관식 4지 택일형(과목당 20문항) (과목당 40점 이상 전과목 평균 60점 이상)	작업형 실기시험 (100점 만점에 60점 이상)
기능사	객관식 4지 택일형(60문항) (100점 만점에 60점 이상)	작업형 실기시험 (100점 만점에 60점 이상)

※ 고용노동부령으로 정하는 국가기술자격의 종목은 작업형 실기시험을 주관식 필기시험 또는 주관식 필기와 실기를 병합한 시험으로 갈음할 수 있다.

※ 고용노동부령으로 정하는 국가기술자격의 종목은 실기시험만 시행할 수 있다.

머 리 말

자격증 공부는 동기 부여에 아주 좋은 공부 방법입니다. 왜냐하면 자격증 취득이라는 구체적인 목표와 더불어 노력에 대한 결과가 점수로 바로 드러나기 때문입니다. 그러나 오로지 합격 점수에 초점을 두다 보니 깊이 있는 공부가 어려운 측면도 있습니다. 이러한 맥락에서 수험서 집필은 전공 이론 및 문제 핵심을 잘 요약함과 동시에 전공 서적으로서도 내용이 충실해야 하므로 고민을 많이 해야 합니다.

대부분의 수험자는 필기시험을 준비할 때 출제 예상 문제 및 과년도 기출문제를 풀면서 문제와 답을 외우고 있습니다. 이는 4지선다형으로 100점 만점에 60점 이상이면 합격하는 현행 시험 제도를 잘 이용한 현실적인 방안이라고 생각합니다. 특히, 각종 법규 및 안전 관리 등과 같은 암기 유형의 문제가 많은 지게차운전기능사 필기시험에는 더더욱 적합하다고 봅니다.

따라서, 책은 독자가 주인이기에 독자들의 요구를 충실히 반영하고자 노력하였습니다.

이 수험서는,

1. 과목별 핵심 정리를 수록하여 암기를 돕고자 하였습니다.
2. 시험 문제와 관련된 전공 이론만 선별하여 핵심 이론으로 요약하였고 시험과 관련 없는 불필요한 이론 및 그림들을 과감히 삭제하였습니다.
3. 각 단원별로 출제 예상 문제를 구성함으로써 핵심 이론을 공부한 후 문제를 통해 머릿속에 바로 정리할 수 있도록 하였습니다.
4. CBT실전모의고사 5회분을 구성함으로써 최종적인 진단을 할 수 있도록 하였습니다.

저자가 좋아하는 문구가 하나 있습니다.

'씨앗 너무 애 쓰지마 너는 본디 꽃이 될 운명이니'

이 수험서 한 권으로 모든 분들이 '합격의 꽃'을 피우길 바랍니다.

끝으로, 이 책의 필요성에 대해 공감해 주시고 출판에 이르기까지 성심껏 도와주신 크라운출판사 관계자분들과 이 책을 찾아 주신 모든 독자분들께 깊은 감사의 말씀을 전해드립니다.

출제기준

〈필기〉

직무분야	건설	중직무분야	건설기계운전	자격종목	지게차운전기능사	적용기간	2025.1.1.~2027.12.31.

○ 직무내용 : 지게차를 사용하여 작업현장에서 화물을 적재 또는 하역하거나 운반하는 직무이다.

필기검정방법	객관식	문제수	60	시험시간	1시간

필 기 과목명	주요항목	세부항목	세세항목
지게차 주행, 화물적재, 운반, 하역, 안전관리	1 안전관리	1. 안전보호구 착용 및 안전장치 확인	1. 안전보호구 2. 안전장치
		2. 위험요소 확인	1. 안전표시 2. 안전수칙 3. 위험요소
		3. 안전운반 작업	1. 장비사용설명서 2. 안전운반 3. 작업안전 및 기타 안전 사항
		4. 장비 안전관리	1. 장비안전관리 2. 일상 점검표 3. 작업요청서 4. 장비안전관리 교육 5. 기계 · 기구 및 공구에 관한 사항
	2 작업 전 점검	1. 외관점검	1. 타이어 공기압 및 손상 점검 2. 조향장치 및 제동장치 점검 3. 엔진 시동 전 · 후 점검
		2. 누유 · 누수 확인	1. 엔진 누유점검 2. 유압 실린더 누유점검 3. 제동장치 및 조향장치 누유점검 4. 냉각수 점검
		3. 계기판 점검	1. 게이지 및 경고등, 방향지시등, 전조등 점검
		4. 마스트 · 체인 점검	1. 체인 연결부위 점검 2. 마스트 및 베어링 점검
		5. 엔진시동 상태 점검	1. 축전지 점검 2. 예열장치 점검 3. 시동장치 점검 4. 연료계통 점검

필 기 과목명	주요항목	세부항목	세세항목
	3 화물 적재 및 하역작업	1. 화물의 무게중심 확인	1. 화물의 종류 및 무게중심 2. 작업장치 상태 점검 3. 화물의 결착 4. 포크 삽입 확인
		2. 화물 하역작업	1. 화물 적재상태 확인 2. 마스트 각도 조절 3. 하역 작업
	4 화물운반작업	1. 전 · 후진 주행	1. 전 · 후진 주행 방법 2. 주행 시 포크의 위치
		2. 화물 운반작업	1. 유도자의 수신호 2. 출입구 확인
	5 운전시야확보	1. 운전시야 확보	1. 적재물 낙하 및 충돌사고 예방 2. 접촉사고 예방
		2. 장비 및 주변상태 확인	1. 운전 중 작업장치 성능확인 2. 이상 소음 3. 운전 중 장치별 누유 · 누수
	6 작업 후 점검	1. 안전주차	1. 주기장 선정 2. 주차 제동장치 체결 3. 주차 시 안전조치
		2. 연료 상태 점검	1. 연료량 및 누유 점검
		3. 외관점검	1. 휠 볼트, 너트 상태 점검 2. 그리스 주입 점검 3. 윤활유 및 냉각수 점검
		4. 작업 및 관리일지 작성	1. 작업일지 2. 장비관리일지
	7 건설기계 관리법 및 도로교통법	1. 도로교통법	1. 도로통행방법에 관한 사항 2. 도로표지판(신호, 교통표지) 3. 도로교통법 관련 벌칙
		2. 안전운전 준수	1. 도로주행 시 안전운전
		3. 건설기계관리법	1. 건설기계 등록 및 검사 2. 면허 · 벌칙 · 사업
	8 응급대처	1. 고장 시 응급처치	1. 고장표시판 설치 2. 고장내용 점검 3. 고장유형별 응급조치

필 기 과목명	주요항목	세부항목	세세항목
		2. 교통사고 시 대처	1. 교통사고 유형별 대처 2. 교통사고 응급조치 및 긴급구호
	9 장비구조	1. 엔진구조	1. 엔진본체 구조와 기능 2. 윤활장치 구조와 기능 3. 연료장치 구조와 기능 4. 흡배기장치 구조와 기능 5. 냉각장치 구조와 기능
		2. 전기장치	1. 시동장치 구조와 기능 2. 충전장치 구조와 기능 3. 등화장치 구조와 기능 4. 퓨즈 및 계기장치 구조와 기능
		3. 전 · 후진 주행장치	1. 조향장치의 구조와 기능 2. 변속장치의 구조와 기능 3. 동력전달장치 구조와 기능 4. 제동장치 구조와 기능 5. 주행장치 구조와 기능
		4. 유압장치	1. 유압펌프 구조와 기능 2. 유압 실린더 및 모터 구조와 기능 3. 컨트롤 밸브 구조와 기능 4. 유압탱크 구조와 기능 5. 유압유 6. 기타 부속장치
		5. 작업장치	1. 마스트 구조와 기능 2. 체인 구조와 기능 3. 포크 구조와 기능 4. 가이드 구조와 기능 5. 조작레버 구조와 기능 6. 기타 지게차의 구조와 기능

차 례

1일 완전합격 지게차운전기능사 필기시험문제

PART 1

시험전에 읽어보는

핵심이론 요약

CHAPTER 1 지게차 주행 ······ 16

01 도로주행 ······ 16

02 엔진구조 ······ 24

03 전기장치 ······ 28

04 전 · 후진 주행장치 ······ 30

05 유압장치 ······ 32

06 작업장치 ······ 35

CHAPTER 2 화물 적재, 운반, 하역 ······ 37

CHAPTER 3 안전관리 ······ 40

PART 2

핵심이론 및 출제 예상문제

지게차 작업

CHAPTER 1 지게차 주행 ······ 48

01 도로주행 ······ 48

▶ 출제 예상 문제 ······ 62

02 엔진구조 ······ 68

▶ 출제 예상 문제 ······ 78

03 전기장치 ······ 84

▶ 출제 예상 문제 ······ 90

04 전 · 후진 주행장치 ······95
▶ 출제 예상 문제 ······101
05 유압장치 ······104
▶ 출제 예상 문제 ······109
06 작업장치 ······115
▶ 출제 예상 문제 ······118

CHAPTER 2 화물 적재, 운반, 하역 ······122
▶ 출제 예상 문제 ······125

CHAPTER 3 안전관리 ······130
01 산업안전일반 ······130
02 기계 · 기기 및 공구에 관한 사항 ······131
03 작업 안전 ······132
04 안전 · 보건 표지 ······134
▶ 출제 예상 문제 ······137

PART 3
실전모의고사

실전모의고사 1회 ······148
실전모의고사 2회 ······157
실전모의고사 3회 ······166
실전모의고사 4회 ······176
실전모의고사 5회 ······186

Part 1

Part 1

시험전에 읽어보는

핵심이론 요약

Chapter 1 지게차 주행

Chapter 2 화물 적재, 운반, 하역

Chapter 3 안전관리

CHAPTER 1
지게차 주행

01 도로주행

1. 건설기계의 범위

① 불도저	무한궤도 또는 타이어식인 것
② 굴착기	무한궤도 또는 타이어식으로 굴착장치를 가진 자체중량 1t 이상인 것
③ 로더	무한궤도 또는 타이어식으로 적재장치를 가진 자체중량 2t 이상인 것
④ 지게차	타이어식으로 들어올림장치와 조종석을 가진 것
⑤ 스크레이퍼	흙·모래의 굴착 및 운반장치를 가진 자주식인 것
⑥ 덤프트럭	적재용량 12t 이상인 것
⑦ 기중기	무한궤도 또는 타이어식으로 강재의 지주 및 선회장치를 가진 것
⑧ 모터그레이더	정지장치를 가진 자주식인 것
⑨ 롤러	조종석과 전압장치를 가진 자주식인 것. 피견인 진동식인 것
⑩ 노상안정기	노상안정장치를 가진 자주식인 것
⑪ 콘크리트뱃칭플랜트	골재저장통·계량장치 및 혼합장치를 가진 것
⑫ 콘크리트피니셔	정리 및 사상장치를 가진 것
⑬ 콘크리트살포기	정리장치를 가진 것
⑭ 콘크리트믹서트럭	혼합장치를 가진 자주식인 것
⑮ 콘크리트펌프	콘크리트 배송능력이 매시간당 $5m^3$ 이상. 이동식과 트럭 적재식
⑯ 아스팔트믹싱플랜트	골재공급장치·건조가열장치·혼합장치·아스팔트공급장치를 가진 것
⑰ 아스팔트피니셔	정리 및 사상장치를 가진 것
⑱ 아스팔트살포기	아스팔트살포장치를 가진 자주식인 것
⑲ 골재살포기	골재살포장치를 가진 자주식인 것
⑳ 쇄석기	20kW 이상의 원동기를 가진 이동식인 것
㉑ 공기압축기	공기배출량이 매분당 $2.83m^3$(매cm^2당 7kg 기준) 이상의 이동식인 것
㉒ 천공기	천공장치를 가진 자주식인 것
㉓ 항타 및 항발기	헤머 또는 뽑는 장치의 중량이 0.5t 이상인 것
㉔ 자갈채취기	자갈채취장치를 가진 것
㉕ 준설선	펌프식·바켓식·딧퍼식 또는 그래브식으로 비자항식인 것
㉖ 특수건설기계	국토교통부장관이 따로 정하는 것
㉗ 타워크레인	수직타워의 상부에 위치한 지브(jib)를 선회시켜 중량물을 상하, 전후 또는 좌우로 이동시킬 수 있는 것

2. 건설기계 범위에 속하지 않는 것

- 천장크레인
- 차체굴절식 조향장치가 있는 자체중량 4t 미만의 로더
- 적재용량 11t 이하의 덤프트럭

3. 소형건설기계의 분류

- 3t 미만 굴착기
- 3t 미만 지게차
- 3t 미만 타워크레인
- 5t 미만 천공기
- 5t 미만 로더

4. 소형건설기계 조종 교육시간

- 18시간(이론 6시간, 실습 12시간) : 3t 이상 5t 미만 로더, 5t 미만 불도저
- 12시간(이론 6시간, 실습 6시간) : 3t 미만 로더, 3t 미만 지게차, 3t 미만 굴착기

5. 자동차 1종 대형 면허로 조종할 수 없는 건설기계

- 지게차
- 굴착기

3t 미만 지게차 : 1종 대형면허 또는 1종 보통면허가 있는 상태에서 12시간 교육이수 필요
3t 이상 지게차 : 지게차운전기능사 필요
3t 미만 굴착기 : 1종 대형면허 또는 1종 보통면허가 있는 상태에서 12시간 교육이수 필요
3t 이상 굴착기 : 굴착기운전기능사 필요

6. 번호등을 갖추지 않아도 되는 경우

최고 속도가 15km/h 미만인 타이어식 건설기계

후부반사기 : 최고 속도가 15km/h 미만인 타이어식 건설기계가 반드시 갖춰야 할 조명장치

7. 규정속도

- 30km/h 이내 : 총중량 2t 미만인 자동차를 총중량이 그의 3배 이상인 자동차로 견인할 때
- 25km/h 이내 : 총중량 2t 미만인 자동차를 총중량이 그의 3배 이상인 자동차로 견인할 때 외, 이륜자동차가 견인할 때

8. 좌석 안전띠를 설치해야 하는 경우

30km/h 이상 속도를 낼 수 있는 타이어식 건설기계

9. 우리나라에서 건설기계에 대한 정기검사를 실시하는 검사업무 대행기관

건설기계 안전 관리원

10. 건설기계 사업

시장 · 군수 또는 구청장에게 신고해야 함

11. 건설기계 조종사면허를 취소하거나 면허효력을 정지시킬 수 있는 자

시장 · 군수 또는 구청장

※ 시장 · 군수 또는 구청장은 건설기계 조종사면허를 취소 또는 1년 이내의 기간을 정하여 면허효력을 정지시킬 수 있음

12. 건설기계 등록

건설기계의 소유자는 대통령령이 정하는 바에 의하여 건설기계 등록을 해야 함

13. 건설기계 등록신청

건설기계의 소유자가 건설기계를 등록하고자 할 때 등록신청은 사용 본거지의 관할시 · 도지사에게 해야 함

14. 건설기계 대여업

건설기계 대여업을 하고자 하는 자시 · 도지사에게 등록해야 함

15. 건설기계 등록사항 중 변경사항이 있을 때

건설기계 등록사항 중 변경사항이 있을 때 소유자는 건설기계등록사항 변경신고서를 시 · 도지사에게 제출해야 함

> 건설기계 등록사항 변경신고
> - 변경이 있는 날로부터 30일 이내 신고
> - 상속의 경우 상속 개시일로부터 3개월 이내 신고
> - 전시 또는 사변 등 기타 이에 준하는 국가비상사태 시에는 5일 이내 신고

16. 건설기계 등록사항 변경신고 시 제출해야 하는 서류

- 건설기계 검사증
- 변경을 증명하는 서류
- 건설기계 등록사항 변경신고서
- 건설기계 등록증

17. 건설기계 등록 시 건설기계 출처를 증명하는 서류

- 매수증서(관청으로부터 매수)
- 건설기계 제원표
- 건설기계 제작증
- 수입면장
- 건설기계 소유자임을 증명하는 서류
- 보험 또는 공제 가입 증명 서류

18. 건설기계 매매업의 등록을 하고자 하는 자의 구비서류

보증보험증서 또는 하자보증금 예치증서

19. 건설기계 사업의 범위

- 건설기계 해체재활용업
- 건설기계 매매업
- 건설기계 정비업
- 건설기계 대여업

20. 건설기계 정비업의 종류

- 전문건설기계 정비업
- 종합건설기계 정비업
- 부분건설기계 정비업

21. 원동기 전문 건설기계 정비업의 사업범위

- 연료펌프 분해정비
- 실린더 헤드 탈착정비
- 크랭크축 분해정비

> 원동기 전문 건설기계 정비업은 유압장치 정비업을 할 수 없으며 유압장치 정비업은 종합 건설기계 정비업, 부분 건설기계 정비업, 건설기계 장비시설을 갖춘 전문 정비사업자만 할 수 있음

22. 수시검사

성능 불량 또는 사고가 자주 발생하는 건설기계의 안전성 등을 점검하는 검사

23. 구조변경검사

건설기계의 주요 구조를 개조하거나 변경한 경우 실시하는 검사

※ 건설기계의 구조변경검사는 건설기계검사소(검사대행자)에 신청해야 함

24. 정기검사

검사 유효 기간이 끝난 후에 계속해서 운행하려는 경우 실시하는 검사

25. 덤프트럭이 출장검사를 받을 수 있는 경우

- 최고 속도가 35km/h 미만인 경우
- 너비가 2.5m를 초과하는 경우
- 축중이 10t을 초과하는 경우
- 차체 중량이 4t을 초과하는 경우

26. 건설기계의 구조변경 및 개조 범위

- 건설기계의 길이, 너비, 높이 형식 변경
- 수상작업용 건설기계의 선체 형식 변경
- 조종장치의 형식 변경
- 원동기의 형식 변경
- 동력전달장치의 형식 변경
- 주행장치의 형식 변경
- 유압장치의 형식 변경
- 조향장치의 형식 변경
- 제동장치의 형식 변경
- 작업장치의 형식 변경

27. 건설기계의 제동장치에 대한 정기검사를 면제받고자 하는 경우 필요한 첨부 서류

건설기계 제동장치 정비확인서

※ 건설기계 제동장치 정비확인서는 건설기계정비업자가 발행함

28. 건설기계 임시운행 사유

- 신개발 건설기계를 시험 및 연구 목적으로 운행하고자 할 때
- 확인검사를 받기 위해 건설기계를 검사장소로 운행하고자 할 때
- 신규등록검사를 받기 위해 건설기계를 검사장소로 운행하고자 할 때
- 건설기계 등록신청을 하기 위해 등록지로 운행하고자 할 때
- 판매 또는 전시를 위해 건설기계를 일시적으로 운행하고자 할 때
- 수출을 위해 건설기계를 선적지로 운행하고자 할 때
- 수출을 위해 등록을 말소한 건설기계를 정비 · 점검하고자 운행할 때

29. 건설기계 등록말소 사유

- 건설기계를 도난당한 경우
- 건설기계의 차대가 등록 시의 차대와 상이한 경우
- 건설기계를 수출하는 경우
- 정기검사 유효 기간이 만료된 날로부터 3개월 이내에 시 · 도지사의 최고를 지정받고 지정된 기한까지 정기검사를 받지 않은 경우
- 건설기계를 폐기한 경우
- 연구 · 목적으로 사용하는 경우
- 부당한 방법으로 등록한 경우
- 천재지변 등 이에 준하는 사고로 사용할 수 없게 되거나 멸실된 경우
- 건설기계안전기준에 적합하지 않는 경우
- 구조적 결함으로 건설기계를 판매 · 제작자에게 반품한 경우

30. 건설기계의 등록번호표에 표시되는 내용

- 등록번호
- 기종
- 용도
- 등록관청

31. 자가용 건설기계 등록번호표의 도색

흰색 바탕에 검은색 문자

구 분		일련번호	색 상
비사업용	관 용	0001 ~ 0999	흰색 바탕에 검은색 문자
	자가용	1000 ~ 5999	
대여사업용		6000 ~ 9999	주황색 바탕에 검은색 문자

32. 등록건설기계의 기종별 표시

표 시	기 종
01	불도저
02	굴착기
03	로 더
04	지게차
05	스크레이퍼
06	덤프트럭
07	기중기
08	모터그레이더
09	롤 러
10	노상안정기

33. 특별표지판을 부착해야 하는 대형건설 건설기계

- 최소회전반경 12m 초과
- 길이 16.7m 초과
- 총중량 40t 초과
- 높이 4m 초과
- 너비가 2.5m 초과
- 총중량 상태에서 축하중이 10t 초과

34. 국가비상사태

건설기계 등록 시 전시, 사변 등 국가비상사태인 경우 5일 이내에 등록해야 함

35. 등록번호표 제작 통지를 받은 경우

시 · 도지사로부터 등록번호표 제작 통지를 받은 건설기계 소유자는 3일 이내에 시 · 도지사에게 지정받은 등록번호표 제작자에게 등록번호표 제작을 신청해야 함

36. 등록번호표 제작자

등록번호표 제작 등의 신청을 받은 동록번호표 제작자는 7일 이내에 제작 등을 해야 함

37. 등록사항 변경

등록사항 중 변경이 있을 시에는 변경이 있는 날로부터 30일 이내에 등록해야 한다.(단, 상속의 경우 상속 개시일로부터 3개월 이내, 국가비상사태의 경우 5일 이내)

38. 국가비상사태 외

평시에는 건설기계 취득일로부터 2개월 이내에 등록해야 한다.

39. 건설기계의 등록을 말소할 때

등록번호표를 10일 이내에 시 · 도지사에게 반납해야 함

40. 시 · 도지사가 수시검사를 명령하고자 할 때

수시검사를 받아야 할 날부터 10일 이전에 건설기계 소유자에게 명령서를 교부해야 함

41. 건설기계의 구조변경 검사신청

변경 일로부터 20일 이내에 해야 함

42. 건설기계의 정기검사 신청기간

정기검사 유효 기간 만료일 전, 후 각각 30일 이내에 해야 함

43. 건설기계의 정기검사 유효 기간이 1년이 되는 것

신규등록일로부터 20년 이상 경과되었을 때

44. 시 · 도지사는 검사 유효 기간이 만료된 건설기계

시 · 도지사는 유효 기간이 만료된 날로부터 3개월 이내에 건설기계 소유자에게 최고해야 함

45. 정기검사 유효 기간

- 굴착기(타이어식) : 1년
- 로더(타이어식) : 2년(20년 이하), 1년(20년 초과)
- 지게차(1t 이상) : 2년(20년 이하), 1년(20년 초과)
- 덤프트럭 : 1년(20년 이하), 6개월(20년 초과)
- 기중기 : 1년
- 천공기 : 1년

46. 건설기계의 정기검사 유효 기간이 연장될 수 있는 경우

- 타워크레인 또는 천공기가 해체된 경우 – 해체되어 있는 기간 이내
- 압류된 건설기계의 경우 – 압류기간 이내
- 해외 임대를 위해 일시 반출되는 경우 – 반출 기간 이내
- 건설기계 대여업을 휴지한 경우 – 휴지기간 이내

※ 건설기계의 정기검사를 연기하는 경우에는 그 연기 기간

47. 100만 원 이하의 과태료

- 수출 이행 여부를 신고하지 않은 자
- 등록번호표를 부착 · 봉인하지 아니하거나 등록번호를 새기지 아니한 자
- 등록번호표를 훼손시켜 알아보기 어렵게 한 자
- 건설기계안전기준에 적합하지 않은 건설기계를 도로에서 운행한 자
- 안전교육 등을 받지 않고 건설기계를 조종한 자

48. 50만 원 이하의 과태료

- 임시번호표를 붙이지 않고 운행한 자
- 등록번호표를 반납하지 않은 자
- 정기검사를 받지 않은 자
- 등록말소사유 변경신고를 하지 않거나 거짓으로 신고한 자

49. 1년 이하의 징역 또는 1천만 원 이하의 벌금

- 구조변경검사 또는 수시검사를 받지 않은 자
- 정비명령을 이행하지 않은 자
- 폐기 요청을 받은 건설기계를 폐기하지 않거나 등록번호표를 폐기하지 않은 자
- 건설기계조종사면허를 받지 않고 건설기계를 조종한 자
- 건설기계조종사면허가 취소되거나 효력정지처분을 받은 후에도 건설기계를 계속 조종한 자

50. 2년 이하의 징역 또는 2천만 원 이하의 벌금

- 등록되지 않은 건설기계를 사용하거나 운행한 자
- 등록이 말소된 건설기계를 사용하거나 운행한 자
- 시 · 도지사의 지정을 받지 않고 등록번호표를 제작하거나 등록번호를 새긴 자
- 건설기계의 원동기, 동력전달장치, 제동장치 등 주요 장치를 변경 또는 개조한 자

51. 건설기계 조종사면허의 효력정지 사유가 발생한 경우 관련법상 면허효력 정지기간

1년 이내

※ 건설기계관리법상 시장 · 군수 또는 구청장은 건설기계 조종사면허를 취소 또는 1년 이내의 기간을 정하여 면허효력을 정지시킬 수 있음

52. 건설기계 조종 중 재산피해를 입혔을 때 피해금액 50만 원당 면허효력 정지기간

1일

※ 50만 원당 1일씩이며 최대 90일을 넘지 못함. 예를 들어, 피해금액이 1,000만 원이면 20일 면허효력 정지

53. 건설기계 조종사의 면허취소 사유

- 고의로 인명피해를 입힌 경우
- 과실로 중대재해가 발생한 경우
- 거짓이나 부정한 방법으로 건설기계조종사 면허를 받은 경우
- 건설기계조종사면허의 효력정지기간 중 건설기계를 조종한 경우
- 정기적성검사를 받지 않거나 적성검사에 불합격한 경우

54. 고의 또는 과실 이외 기타 인명 피해를 입힌 경우

- 경상 1명마다 면허효력 정지 5일
- 중상 1명마다 면허효력 정지 15일
- 사망 1명마다 면허효력 정지 45일

55. 교통사고에 의한 경상의 기준

3주 미만의 치료를 요하는 부상

56. 교통사고에 의한 중상의 기준

3주 이상의 치료를 요하는 부상

57. 건설기계 조종사 면허증의 반납 사유

- 면허효력이 정지된 경우
- 면허가 취소된 경우
- 면허증을 재교부 받은 후에 분실된 면허증을 발견한 경우

※ 면허증 반납 사유가 발생한 날로부터 10일 이내 주소지 관할 시장 · 군수 또는 구청장에게 반납해야 함

58. 편도 4차로 자동차전용도로에서 지게차의 주행차로 : 4차로

59. 최고 속도의 50/100을 줄인 속도로 운행해야 하는 경우

- 폭우로 인해 가시거리가 100m 이내인 경우
- 눈이 20mm 이상으로 쌓인 경우
- 노면이 얼어붙은 경우

60. 최고 속도의 20/100을 줄인 속도로 운행해야 하는 경우

- 눈이 20mm 미만으로 쌓인 경우
- 노면이 젖은 경우

61. 앞지르기 금지 장소

- 다리 위, 경사로의 정상 부근
- 급경사로의 내리막, 도로의 구부러진 곳
- 앞지르기 금지표지 설치 장소
- 터널 안, 교차로
- 비탈길의 고갯마루 부근

62. 올바른 정차 방법

- 진행 방향과 평행하게 정차한다.
- 도로의 우측 가장자리에 정차한다.

63. 주차 금지 장소

- 화재경보기로부터 3m 이내인 곳
- 도로 공사를 하고 있는 경우 그 공사구역의 양쪽 가장자리로부터 5m 이내인 곳

- 터널 안 및 다리 위
- 소방용 기계 및 기구가 설치된 곳으로부터 5m 이내인 곳
- 소방용 방화 물통으로부터 5m 이내인 곳
- 소화전 또는 소화용 방화 물통의 흡수구나 흡수관을 넣는 구멍으로부터 5m 이내인 곳
- 지방경찰청장이 지정한 곳

64. 주 · 정차 금지 장소

- 횡단보도
- 건널목 가장자리 또는 횡단보도로부터 10m 이내
- 안전지대의 사방으로부터 각각 10m 이내
- 교차로 가장자리로부터 5m 이내

65. 가장 우선적인 신호

경찰관 수신호

66. 교통사고를 야기한 도주차량 신고로 인한 벌점상계에 대한 특혜점수 :

40점

67. 벌점의 누산 점수 초과로 인한 면허취소 기준 중 1년간 최소 누산 점수 :

121점

68. 음주운전 측정 및 처벌 기준

- 술에 취한 상태의 기준 혈중알코올농도 : 0.03% 이상
- 면허정지 : 0.03% 이상 0.08% 미만
- 면허취소 : 0.08% 이상(만취상태)

69. 통행의 우선순위

긴급자동차 → 일반자동차 → 원동기장치자전거

※ 긴급자동차 외 일반자동차 간의 통행 우선순위는 최고 속도의 순서에 따름

70. 차로가 설치된 도로에서 통행하는 방법 중 위반되는 경우

- 두 개의 차로에 걸쳐 운행한 경우
- 갑자기 차로를 바꾸어 옆 차선에 끼어드는 경우
- 여러 차로를 연속적으로 가로지르는 경우

※ 일방 통행도로에서 중앙 좌측 부분을 통행하는 경우는 위반사항이 아님

71. 도로교통법상에서 정의된 긴급자동차

- 위독환자의 수혈을 위한 혈액운송차
- 국군이나 연합군 긴급차에 유도되고 있는 차
- 응급 전신 · 전화 수리공사에 사용되는 차
- 긴급한 경찰업무수행에 사용되는 차

※ **긴급자동차** : 소방 · 구급 · 혈액공급 자동차 및 그 밖에 대통령령이 정하는 자동차로서 그 본래의 긴급한 용도로 사용되고 있는 자동차

72. 안전표지의 종류

- 보조표지
- 주의표지
- 노면표지
- 지시표지
- 규제표지

73. 교통안전표지의 종류와 형태

진입금지	최저 속도 제한	최고 속도 제한

차 중량 제한	좌 · 우로 이중 굽은 도로	좌 · 우회전

회전형 교차로		

02 엔진구조

1. 디젤엔진의 특징

- 점화장치가 없음
- 경유를 사용함
- 가솔린엔진에 비해 압축비가 높음
- 압축착화 방식

※ 마력당 중량이 크다.(단점)

2. 디젤엔진과 관련된 항목

- 세탄가
- 착화
- 예열플러그
- 경유

3. 디젤엔진의 장점

- 흡입행정 시 펌핑 손실을 줄일 수 있음
- 열효율이 높음
- 일산화탄소(CO) 배출량이 적음
- 액화천연가스(Liquefied Natural Gas)의 특징
  - 기체 상태로 배관을 통해 공급됨
  - 가연성물질로서 폭발 우려가 큼
  - 공기보다 가벼움
  - LNG라고 하며 메탄이 주성분임

4. 실린더 헤드 개스킷에 대한 구비 조건

- 내압성과 내열성이 있을 것
- 기밀 유지가 우수할 것
- 강도가 적당할 것
- 복원성이 클 것

5. 피스톤링의 3대 작용

- 오일제어 작용
- 열전도 작용
- 기밀 작용

6. 피스톤 링 : 피스톤 링이 마모되면 엔진오일의 소비량이 많아짐

7. 실린더 벽이 마멸되었을 때 발생하는 현상

- 엔진 제동열효율이 감소함
- 폭발압력이 감소함
- 오일의 소모량이 증가함
- 엔진 출력이 감소함

※ **엔진에서 실린더 벽의 마멸이 가장 큰 곳** : 상사점 부근

8. 피스톤 간극이 클 때 발생하는 현상

- 엔진 출력이 감소함
- 블로바이 가스가 많아짐
- 피스톤 슬랩현상 발생함
- 오일 소모량이 많아짐

> 피스톤 간극 : 피스톤과 실린더 사이의 최소 틈새를 말하며 이 틈새가 커질수록 그 사이로 연소가스가 많이 새게 되는데 이때 틈새로 새는 가스를 블로바이 가스라고 함

9. 디젤엔진의 감압장치

엔진 시동 시 또는 겨울철 오일 점도가 높을 시 흡기밸브 또는 배기밸브를 강제로 열어 실린더 압축 압력을 감소시켜 시동을 용이하게 하는 장치

10. 엔진 시동을 보조하는 장치

- 히트 레인저
- 실린더의 감압장치
- 흡입공기 예열장치

11. 디퓨저

각각의 공기통로의 체적이 확대하여 속도에너지를 압력에너지로 변환시키는 장치

> 디플렉터 : 2행정 엔진의 피스톤 헤드 부에 설치된 돌출부를 말하며, 피스톤 상승 시 혼합기의 와류작용 및 잔류가스를 배출하는 역할

12. 디젤노크가 발생하였을 때 엔진에 미치는 영향

- 엔진이 과열됨
- 엔진 출력이 감소함
- 엔진의 흡기효율이 저하됨
- 엔진 회전수가 불안정해짐

13. 디젤노크의 방지 대책

- 압축비를 높게 함
- 착화지연시간을 짧게 함
- 연소실 벽의 온도를 높게 함
- 흡기압력을 높게 함

14. 디젤엔진 연소실 형식의 특징

- 공기실식 : 직접분사실식 다음으로 시동이 쉽기 때문에 예열플러그 없이도 냉간 시 시동이 용이함
- 직접분사실식 : 연료소비율이 낮으며 연소압력이 가장 높음
- 와류실식 : 분사노즐 가까이에 와류실을 갖는 형식으로 직접분사실식과 예연소실의 중간 정도이며 직접분사실식에 비해 공기 이용률이 높음
- 예연소실식 : 피스톤과 실린더 헤드 사이에 주연소실이 있고 이외에 따로 부연소실을 갖는 형식으로 분사압력(60~120kgf/cm^2)이 비교적 낮으며 전실식이라고도 함

15. 직접분사실식의 장점

- 구조가 간단하여 열효율이 높음
- 연료소비량이 적음
- 냉각손실이 적음
- 냉시동이 양호함

16. 4기통 엔진 대비 6기통 엔진의 장점

- 저속회전이 용이하고 엔진 출력이 높다.
- 가속이 원활하고 신속하다.
- 엔진 진동이 적다.

※ **단점** : 구조가 복잡하며 제작비가 비싸다.

17. 블로 다운(Blow Down)

배기행정 시 실린더 내 압력에 의해 배기가스가 배기밸브를 통해 배출되는 현상

> 블로 바이(Blow By) : 압축 및 폭발행정 시 피스톤 간극에서 가스가 누출되는 현상
> 블로 백(Blow Back) : 압축 및 폭발행정 시 가스가 밸브와 밸브 시트 사이로 누출되는 현상

18. 동력행정

흡기밸브와 배기밸브가 모두 닫혀 있는 행정

19. 시동모터

크랭크축의 회전과 관계없이 작동되는 기구

20. 크랭크축 회전수

- 4행정 사이클 엔진 : 1사이클을 완료할 때 크랭크축은 2회전한다.
- 2행정 사이클 엔진 : 1사이클 완료했을 때 크랭크축은 1회전한다.

21. 디젤엔진의 주의점

디젤엔진은 배터리 방전 시 시동이 불가

22. 팬벨트 장력이 과소할 때 발생하는 현상

- 발전기 충전량 부족
- 엔진 과열

23. 팬벨트 장력이 과대할 때 발생하는 현상

발전기 베어링 손상

24. 엔진오일의 구비 조건

- 기포 발생과 카본 생성에 대한 저항력이 클 것
- 인화점과 발화점이 높을 것
- 점도와 비중이 적당할 것
- 응고점이 낮을 것

25. 엔진오일의 작용

- 밀봉작용 : 피스톤과 실린더 사이에 유막을 형성하여 압축 및 연소가스가 누설되지 않도록 기밀 유지하는 작용
- 방청작용 : 오일이 유막을 형성하여 수분 및 부식성 가스의 침투를 막고 침투한 가스에 대해 치환하는 작용
- 냉각작용 : 오일이 각 부의 마찰열을 흡수하여 오일팬에서 방열하는 작용
- 감마작용 : 오일이 각 부의 마찰을 적게 하여 기계의 마모를 줄여주는 작용

26. 엔진오일의 여과 방식

- 전류식 : 오일펌프에서 압송한 오일의 전량을 오일필터에서 여과시킨 후 엔진의 각 윤활부로 공급하는 방식으로 소형 승용차 엔진에 가장 많이 사용
- 샨트식 : 복합식을 말하며 오일펌프에서 압송한 오일의 일부를 오일필터에서 여과시킨 후 엔진의 각 윤활부로 공급하고, 또 일부는 오일팬으로 보내는 방식
- 분류식 : 오일펌프에서 압송한 오일은 엔진 각 윤활부에 직접 공급하고, 바이패스되는 오일은 오일필터에서 여과시킨 후 오일팬으로 보내는 방식

27. 엔진오일의 공급방식

- 비산식 : 크랭크축의 디퍼로 오일을 실린더 벽으로 뿌려서 윤활하는 방식
- 압송식 : 오일펌프로 오일을 공급하여 윤활하는 방식
- 비산 압송식 : 비산 압력식과 같은 말이며 비산식과 압송식을 조합한 방식

28. 압송 급유 방식

일반적으로 엔진에서 가장 많이 사용하는 윤활 방식

29. 엔진오일의 압력이 낮아지는 원인

- 엔진 각부의 마모가 심함
- 오일의 점도가 과도하게 낮음(오일의 점도가 과도하게 높으면 오일의 압력 상승)
- 오일량이 부족함
- 오일펌프의 성능이 좋지 않음
- 오일펌프가 과도하게 마모됨
- 계통 내 누유가 발생함

30. 점도지수가 높은 오일일수록 온도변화에 따른 점도 변화가 작음

31. 라디에이터의 구비 조건

- 공기의 흐름 저항이 작을 것
- 가볍고 작으며 강도가 클 것
- 냉각수의 흐름 저항이 작을 것
- 단위 면적당 방열량이 클 것

32. 부동액의 구비 조건

- 비등점이 물보다 높을 것
- 물과 쉽게 혼합될 것
- 침전물이 발생하지 않을 것
- 부식성이 없을 것

33. 부동액으로 사용되는 화합물

- 메탄올
- 글리세린
- 에틸렌글리콜(가장 많이 사용되는 계열)

34. 라디에이터 캡의 압력스프링 장력

※ 라디에이터 캡의 압력스프링 더 빨리 압력이 약해지면 냉각회로 내 증기압이 낮아져서 냉각수의 끓는점이 낮아진다. 따라서 냉각수가 더 빨리 끓게 되어 엔진이 과열될 수 있다.

35. 라디에이터에 연결된 보조탱크의 특징

- 장기간 동안 냉각수 보충이 필요 없음
- 냉각수의 체적이 팽창하는 것을 흡수함
- 오버 플로우 되어도 증기만 방출됨

36. 엔진이 과열하는 원인

- 냉각수 부족
- 냉각팬벨트의 헐거움
- 써모스탯이 닫힌 채 고장
- 냉각회로 내 물때 과다
- 라디에이터 코어 막힘

37. 써모스탯이 열린 채 고장나면 엔진 시동 후 충분한 시간이 지났음에도 냉각수 온도가 정상적으로 상승하지 않으므로 엔진이 과랭됨

38. 엔진의 냉각수가 줄어드는 고장 원인 및 정비방법

- 라디에이터 또는 히터 호스 불량 – 수리 및 호스 교환
- 수온조절기 하우징 불량 – 하우징 및 개스킷 교환
- 워터펌프 불량 – 교환
- 라디에이터 캡 불량 – 라디에이터 캡 교환

39. 디젤엔진의 분사펌프

- **타이머** : 디젤엔진의 연료 분사펌프에서 엔진 회전수에 따라 분사 시기 제어
- **조속기** : 디젤엔진의 연료 분사펌프에서 엔진 회전수에 따라 분사량 제어

40. 디젤엔진에서 연료가 정상적으로 공급되지 않아 시동이 꺼지는 원인

- 연료필터 막힘
- 연료탱크 내 이물질 과다
- 연료파이프 파손

41. 프라이밍 펌프

연료라인 내에 있는 공기를 배출하기 위해 사용하는 펌프

42. 커먼레일 연료분사 장치의 저압부

- 1차 연료펌프
- 연료필터
- 연료 스트레이너

※ **저압부** : 연료탱크 ~ 고압펌프 입구, **고압부** : 고압펌프 출구 ~ 인젝터

43. 디젤엔진에서 분사노즐의 요구 조건

- 연료를 미세한 안개 모양으로 분사하여 쉽게 착화하게 할 것
- 고온 · 고압에서 장기간 사용할 수 있을 것
- 분무를 연소실의 구석구석까지 뿌려지게 할 것
- 연료의 분사 끝에서 후적이 발생하지 않을 것

분사노즐의 3대 조건 : 무화, 분산, 관통
분사노즐의 종류 : 스로틀형, 핀틀형, 홀형

44. 디젤엔진에서 엔진 부조가 발생하는 원인

- 버너 작동 불량
- 연료 공급 불량
- 분사 시기 조정 불량

45. 작동 중인 엔진에서 에어크리너가 막히면 배기가스 색이 검은색이고 엔진 출력은 저하

46. 터보차저

체적효율을 향상시켜 엔진 출력 및 토크를 증가시키기 위해 장착한다.

03 전기장치

1. 배터리 케이스와 커버 세척에 가장 적절한 물질

물, 소다

2. 배터리의 충 · 방전작용과 가장 관계있는 작용

화학작용

3. 배터리 충전이 불량한 원인

레귤레이터가 고장일 때

4. 배터리의 자기방전 원인

- 음극판의 작용물질이 황산과 화학 반응하여 황산납이 되기 때문
- 전해액에 포함된 불순물이 국부전지를 형성하기 때문
- 탈락한 극판 작용물질이 배터리 내부에 퇴적되기 때문

5. 배터리 급속충전 시 유의 사항

- 충전시간은 가능한 한 짧게 해야 함
- 충전전류는 배터리 용량의 50%로 해야 함
- 충전 중 가스가 많이 발생하면 충전을 중지해야 함
- 충전 중 전해액의 온도가 45℃가 넘지 않도록 해야 함

6. 배터리의 연결

- 병렬연결 : 전압은 동일, 용량은 증가
- 직렬연결 : 용량은 동일, 전압은 증가

Tip

증가는 배터리 개수에 비례(동일한 배터리 2개 직렬 연결 시 용량은 동일, 전압은 2배 증가)

7. 12V용 납산축전지의 방전종지전압 : 10.5V

8. 납산배터리

충전기로 충전 시 전해액의 온도가 최대 45℃를 넘으면 위험한 상황이 발생할 수 있음

9. 납산 배터리의 전해액 : 묽은 황산

10. 납산 배터리의 전해액이 자연 감소되었을 때 보충에 가장 적합한 물질 : 증류수

11. 교류 발전기의 구성부품

- 스테이터 코일
- 전압 조정기
- 슬립링
- 다이오드

12. 전압 조정기의 종류

- 카본파일식
- 접점식
- 트랜지스터식

13. 교류발전기에서 정류다이오드의 역할

교류를 정류하고 역류를 방지함

14. 스테이터 코일

AC(Alternating Current) 발전기에서 전류가 발생하는 곳

15. 로터 코일

AC(Alternating Current) 발전기에서 자속이 발생하는 곳

16. 운전 중 계기판에 충전 경고등 점등의 의미

충전이 되지 않고 있음

17. 직류 직권 전동기

건설기계에서 주로 사용하는 시동전동기의 형식

18. 시동모터의 시험 항목

- 회전력 시험
- 무부하 시험
- 저항 시험

19. 점화스위치를 ST로 했을 때 시동모터의 솔레노이드 스위치는 작동되나 시동모터는 작동되지 않은 원인

- 배터리 방전
- 엔진 크랭크축, 피스톤 고착
- 시동모터 브러시 손상

20. 스타트 릴레이의 설치 목적

- 키 스위치를 보호하기 위해서
- 시동모터로 큰 전류를 보내어 충분한 크랭킹 속도를 유지하기 위해서
- 엔진 시동을 용이하게 하기 위해서

21. 실드형 예열플러그

- 열선이 병렬로 연결되어 있음
- 발열량이 많고 열용량이 큼
- 히트 코일이 노출되어 있음

22. 전구가 끊어지거나 고장 시 조치방법

- 실드빔 형식 : 전조등 조립체 전체 교환
- 세미 실드빔 형식 : 전구만 따로 교환

04 전 · 후진 주행장치

1. 자동변속기에서 토크컨버터의 구성요소

터빈, 스테이터, 펌프

※ 가이드링 : 유체클러치의 구성 부품

2. 스톨 포인트

토크 컨버터에서 토크가 최댓값이 될 때

3. 스테이터의 역할

자동변속기 오일의 방향을 바꾸어 토크를 상승시킴

4. 자동변속기가 과열하는 원인

- 자동변속기 오일이 규정량보다 적음
- 자동변속기 오일쿨러가 막힘
- 메인 압력이 높음
- 과부하 운전을 계속함

5. 클러치의 미끄러짐이 가장 현저하게 발생하는 시기 : 가속 시

6. 클러치 디스크의 마모

클러치 디스크의 마모가 클 시엔 수동변속기가 장착된 건설기계를 운행하는 중에 급가속을 시켜도 엔진 회전수는 상승하나 차속이 상승하지 않는다.

7. 클러치 페달에 유격을 두는 이유

클러치의 미끄럼을 방지하기 위해

8. 브레이크 드럼의 구비 조건

- 충분한 강성을 가지고 있을 것
- 회전 평형이 유지될 것
- 가벼울 것
- 방열성이 우수할 것

9. 브레이크 계통 내 베이퍼록이 발생하는 원인

- 긴 내리막길에서 과도한 브레이크 사용
- 드럼과 라이닝의 끌림에 의한 가열
- 비점이 낮은 브레이크액 사용
- 마스터실린더 내의 잔압 저하

10. 조향핸들의 유격이 커지는 원인

- 앞 차륜 베어링 과대 마모
- 피트먼 암의 헐거움
- 조향기어 및 링키지 조정 불량

11. 유압식 조향장치에서 조향핸들의 조작이 무거워지는 원인

- 조향펌프의 회전수가 과도하게 느림
- 유압이 낮음
- 오일 부족
- 유압계통 내 공기 유입

12. 프로펠러 샤프트(추진축)

- **자재 이음** : 각도 변화를 일으킴
- **슬립 이음** : 길이 변화를 일으킴

13. 파이널드라이버기어

엔진에서 발생한 동력을 바퀴까지 전달 시 최종적으로 감속작용을 함

14. 차동기어장치에 대한 설명

- 선회 시 외측 바퀴의 회전수를 증가시킴
- 일반적으로 차동기어장치는 노면의 저항을 작게 받는 구동바퀴의 회전수가 빠름
- 선회 시 좌 · 우 구동바퀴의 회전수를 다르게 함

15. 조향바퀴의 얼라이먼트(Alignment) 종류

① 캐스터

- 정(+)의 캐스터 : 자동차를 측면에서 보았을 때 킹핀의 위쪽이 휠 허브를 지나 노면에 수직인 직선의 '뒤'쪽으로 기울어져 있는 상태
- 부(−)의 캐스터 : 자동차를 측면에서 보았을 때 킹핀의 위쪽이 휠 허브를 지나 노면에 수직인 직선의 '앞'쪽으로 기울어져 있는 상태

② 토우

- 토인 : 앞바퀴를 위에서 아래로 보았을 때 앞쪽이 뒤쪽보다 좁은 상태
- 토아웃 : 앞바퀴를 위에서 아래로 보았을 때 뒤쪽이 앞쪽보다 좁은 상태

③ 캠버

- 정(+)의 캠버 : 앞바퀴의 아래쪽이 위쪽보다 좁은 상태
- 부(−)의 캠버 : 앞바퀴의 위쪽이 아래쪽보다 좁은 상태

④ 킹핀 경사각 : 앞바퀴를 앞쪽에서 보았을 때 킹핀의 윗부분이 안쪽으로 경사지게 설치되어 있는데, 이때 킹핀 축 중심과 노면에 대한 수직선이 이루는 각도

16. 앞바퀴 정렬의 역할

- 방향 안정성을 줌
- 조향 휠의 조작력을 작게 해 줌
- 타이어의 수명을 연장시켜 줌
- 타이어의 마모를 최소로 함

17. 캠버의 필요성

- 조향핸들의 조작을 가볍게 해 줌
- 앞차축의 휨을 적게 해 줌
- 토우(Toe)와 관련성이 있음

※ 조향 시 바퀴의 복원력이 발생함 : 캐스터 또는 킹핀에 대한 설명

18. 타이어의 구조

- 카커스(Carcass) : 타이어의 뼈대가 되는 부분이며, 튜브의 공기압에 견디면서 일정한 체적을 유지하고 하중이나 충격에 변형되면서 완충작용을 하고 내열성 고무로 밀착시킨 구조
- 트레드(Tread) : 노면과 직접적으로 접촉하는 부분
- 브레이커(Breaker) : 트레드와 카커스의 중간에 위치한 코드 벨트
- 비드(Bead) : 카커스 코드 벨트의 양단이 감기는 철선

19. 타이어에서 트레드 패턴과 관련된 항목

- 타이어의 배수 효과
- 제동력
- 구동력, 견인력

05 유압장치

1. 유압회로에서 작동유의 정상온도 범위

50~70℃

2. 압력의 단위

- kPa
- bar
- kgf/cm^2

※ 1bar ≒ $1.02kgf/cm^2$ ≒ 1atm ≒ 14.5psi ≒ 100,000Pa = 100kPa = 0.1MPa

3. 유압유의 구비 조건

- 점도지수가 커야 함
- 비압축성이어야 함
- 체적 탄성계수가 커야 함
- 인화점 및 발화점이 높아야 함

4. 파스칼의 원리

유압기기는 작은 힘으로 큰 힘을 얻는 장치의 원리

5. 캐비테이션 현상

유압이 진공에 가까워짐으로써 기포가 생기고 이로 인해 국부적인 고압이나 소음이 발생하는 현상

6. 채터링 현상

릴리프밸브에서 볼이 밸브 시트를 두들겨서 소음을 발생시키는 현상

7. 유압펌프의 흡입구에서 캐비테이션 현상의 방지방법

- 흡입관의 굵기를 유압 본체의 연결구의 크기와 같은 것을 사용
- 흡입구의 양정을 1m 이하로 함
- 펌프의 운전속도를 규정 속도 이상으로 하지 않음

8. 유압 작동부에서 오일 누설 시 가장 먼저 점검해야 하는 곳 : 씰(seal)

9. 유압유의 점도가 높을 때 발생하는 현상

- 동력 손실 증가
- 열 발생 원인
- 관내의 마찰 손실이 증가
- 유압이 높아짐

10. 유압회로 내 제어밸브의 종류

- **방향제어밸브** : 체크밸브, 셔틀밸브, 감속밸브, 스풀밸브, 2·3·4 방향밸브 등
- **유량제어밸브** : 스로틀밸브(교축밸브), 니들밸브, 유량조정밸브 등
- **압력제어밸브** : 릴리프밸브, 리듀싱밸브, 언로드밸브, 시퀀스밸브, 카운터밸런스밸브 등

11. 유압회로 내 밸브의 기능 및 역할

① 방향제어밸브

- **스풀밸브** : 축 방향으로 이동하여 오일의 흐름을 변환하는 밸브
- **체크밸브** : 유압장치에서 회로 내 잔압을 유지하고 역류를 방지하는 밸브
- **감속밸브** : 스풀을 작동시켜 유로를 서서히 개폐하여 작동체의 발진, 감속, 정지 변환 등을 충격없이 하는 밸브
- **셔틀밸브** : 출구가 최고 압력의 입구를 선택하는 기능을 가지고 있으며 저압측은 통제하고 고압측만 통과시키는 밸브

② 유량제어밸브

- 스로틀 밸브 : 통로의 단면적을 바꿔서 교축 작용으로 유량과 감압을 조절하는 밸브

③ 압력제어밸브

- 릴리프 밸브 : 유압이 규정값보다 높아질 때 작동하여 회로를 보호하는 밸브
- 시퀀스 밸브 : 두 개 이상의 분기회로에서 유압 액추에이터의 작동 순서를 제어하는 밸브
- 리듀싱 밸브 : 1차측 압력과 관계없이 분기회로에서 2차측 압력을 설정 압력까지 감압하는 밸브
- 카운터 밸런스 밸브 : 중력으로 인해 낙하를 방지하기 위해 배압을 유지하는 밸브
- 언로더밸브 : 일정조건에서 펌프를 무부하로 하기 위해 사용되는 밸브

12. 유량제어를 통해 작업속도를 조절하는 회로

- 블리드 오프(Bleed Off) 회로 : 실린더 입구의 분기회로에 설치한 회로로서 액추에이터에 흐르는 유량의 일부를 탱크로 분기함
- 미터 인(Meter In) 회로 : 액추에이터 입구 측 관로에 설치한 회로로서 실린더로 유입하는 유량을 직접 제어함
- 미터 아웃(Meter Out) 회로 : 액추에이터 출구 측 관로에 설치한 회로로서 실린더로부터 유출하는 유량을 직접 제어함

13. 유압 액추에이터의 작동속도와 가장 관련 있는 특성 : 유량

14. 유압실린더의 작동속도가 정상보다 느릴 경우의 원인

회로 내 유량이 부족하기 때문

15. 유압실린더의 지지방식

- 플랜지 형식
- 클레비스 형식
- 푸드 형식
- 트러니언 형식

16. 액추에이터

유압펌프를 통해 송출된 에너지를 직선운동이나 회전운동을 통해 기계적 일을 하는 기기

17. 어큐뮬레이터

유체에너지를 일시 저장하여 맥동 및 충격압력을 흡수하고 부하가 클 때 저장해둔 에너지를 방출하여 순간적인 과부하를 방지

18. 유압펌프

엔진의 기계적 에너지를 유압에너지로 변환하는 기기

19. 유압펌프에서 작동유 누유 여부에 대한 점검 사항

- 운전자가 관심을 가지고 지속적으로 점검해야 함
- 고정 볼트가 이완된 경우 추가 조임을 해야 함
- 정상 작동 온도로 난기 운전을 실시하여 점검하는 것이 좋음
- 하우징에 균열이 발생되면 유압펌프 조립체(또는 하우징)을 교환해야 함

20. 유압모터

유체 에너지를 이용하여 기계적인 일로 변환하는 기기

21 유압모터의 특징

- 과부하에 대해 안전함
- 소형으로 강력한 힘을 낼 수 있음
- 무단변속이 용이함
- 정 · 역회전 변화가 가능함

22. 유압모터의 단점

- 작동유가 누출되면 작업 성능에 지장이 발생한다.
- 작동유에 먼지 및 공기가 유입되지 않도록 보수에 주의한다.
- 작동유의 점도 변화에 의하여 유압모터의 사용에 제한이 있다.

23. 기어펌프는 정용량 펌프에 해당함

24. 기어모터의 특징

- 구조가 간단하고 가격이 저렴함
- 유압유에 이물질이 혼합되어도 고장 발생이 적음
- 일반적으로 스퍼기어를 사용하나 헬리컬기어도 사용함

25. 일반적인 엔진 오일탱크 내의 구성부품

- 배플
- 스트레이너
- 드레인플러그

26. 플렉시블 호스

유압장치에서 작동이나 움직임이 있는 곳의 연결관

27. 유니온 조인트

호이스트형 유압호스 연결부에 가장 많이 사용

28. 자주 출제되는 유압기호 표시

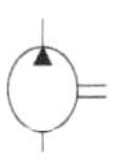	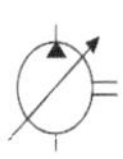	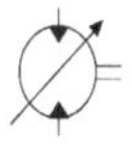	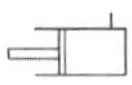	
정용 량형 유압펌프	가변용량형 유압펌프	가변용량형 유압모터	단동 실린더	복동 실린더
		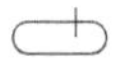	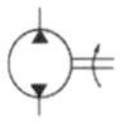	
고압우선형 셔틀밸브	작동유 탱크 (개방형)	작동유 탱크 (가압형)	정용량형 펌프 · 모터	회전형 전기모터 액추에이터
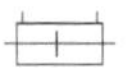	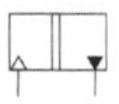	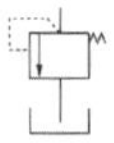	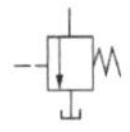	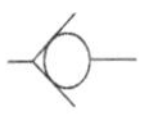
복동 실린더 양 로드형	공기 유압 변환기	릴리프 밸브	무부하 밸브	체크 밸브
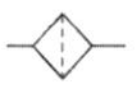	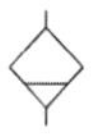		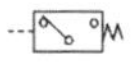	
오일필터	드레인 배출기	유압 동력원	압력 스위치	압력계
	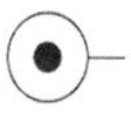	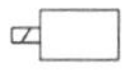	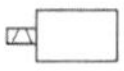	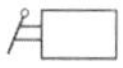
어큐뮬레이터 (축압기)	압력원	전자조작 단동 솔레노이드	전자조작 복동 솔레노이드	인력조작 레버
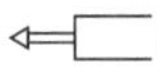	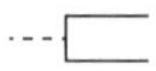		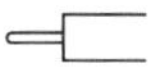	
인력조작 누름버튼	파일럿조작 직접작동	파일럿조작 간접작동	기계조작 플런저	기계조작 스프링

06 작업장치

1. 지게차에 대한 설명

- 포크를 상승시키고자 할 때는 리프트 레버를 후방으로 당기고 하강시키고자 할 때는 전방으로 민다.
- 틸트 레버는 전방으로 밀면 마스트가 앞으로 기울어져 포크가 전방으로 움직인다.
- 화물을 적재하고자 할 때 마스트를 약간 전경시켜 포크를 끼워서 화물을 싣는다.

2. 일반적인 지게차는 앞바퀴 구동, 뒷바퀴 조향방식이다.

3. 지게차의 앞바퀴는 직접적으로 프레임에 설치되어 있다.

4. 지게차의 동력 전달 순서

엔진 → 토크컨버터 → 변속기 → 종감속기어 및 차동장치 → 앞 구동축 → 최종감속기 → 차륜

5. 마찰 클러치가 장착된 지게차의 동력 전달경로

엔진 → 클러치 → 변속기 → 차동장치 → 앞차축 → 앞차륜

6. 타이로드

지게차에서 토인을 조정할 수 있는 장치

7. 벨 크랭크

지게차에서 조향 실린더의 직선운동을 축의 중심으로 한 회전운동으로 바꾸어줌과 동시에 타이로드에 직선운동을 시켜 주는 장치

8. 카운터 웨이트

지게차의 뒤쪽에 설치되어 있으며 앞쪽에 집중되는 화물의 무게중심을 후방으로 이동시킨다.

9. 인칭조절 페달

지게차의 유압을 빠르게 작동시켜 신속히 화물을 상승 및 적재시키거나 앞뒤 방향으로 서서히 화물에 근접시킬 때 사용하는 장치

10. 지게차의 작업장치 중 동력전달기구

- 리프트 실린더 : 포크를 상승 및 하강시킨다.
- 틸트 실린더
- 리프트 체인

11. 지게차의 작업장치

- 캐리어
- 마스트
- 포크 무버 : 좌우 포크의 간격을 조정한다.
- 힌지드 포크
- 힌지드 버킷
- 드럼 클램프
- 베일 클램프
- 로테이팅 클램프 : 롤 모양의 화물을 눕히거나 세운다.
- 사이드 시프트
- 로드 스태빌라이저

12. 지게차의 조종 레버의 기능

- 로어링(Lowering)
- 리프팅(Lifting)
- 틸팅(Tilting)

13. 지게차의 조종레버 종류

- 리프트 레버 : 지게차의 마스트를 상하로 움직이기 위해 조작하는 레버
- 변속 레버
- 틸트 레버 : 지게차의 마스트를 전후로 움직이기 위해 조작하는 레버

14. 리프트 및 틸트 실린더의 상승력이 저하되는 원인

- 리프트 및 틸트 실린더에서 누유된다.
- 오일펌프가 불량하다.
- 오일필터가 막혔다.
- 유압유가 과소하다.

15. 지게차의 작업장치에서 한쪽 체인이 늘어나면 포크가 한쪽으로 기울어질 수 있다.

16. 지게차의 유압탱크 점검 시, 포크를 지면에 위치시킨 후 점검한다.

17. 지게차의 체인장력을 조정하는 방법 : 체인장력 조정 후 잠금(Lock) 너트를 조인다.

CHAPTER 2
화물 적재, 운반, 하역

1. 지게차의 기준부하상태에서 포크를 들어 올린 경우

하강작업 또는 유압계통의 고장에 의한 포크의 하강속도는 초당 0.6m 이하이어야 한다.

2. 지게차의 기준부하상태

지면으로부터의 높이가 300mm인 수평 상태의 지게차의 포크 윗면에 최대하중이 고르게 가해지는 상태

3. 지게차의 기준무부하상태인 경우

기울기가 20/100인 평탄하고 견고한 지면에서 정지상태를 유지할 수 있어야 한다.

4. 지게차의 기준부하상태인 경우

기울기가 15/100인 평탄하고 견고한 지면에서 정지상태를 유지할 수 있어야 한다.

5. 지게차의 최대올림높이

지게차의 기준무부하상태에서 지면과 수평 상태로 포크를 가장 높이 올렸을 때 지면에서 포크 윗면까지의 높이

6. 마스트 전경각

지게차의 기준무부하상태에서 지게차의 마스트를 포크 쪽으로 가장 기울인 경우 마스트가 수직면에 대하여 이루는 기울기

7. 지게차의 마스트 전·후경각 기준

유 형	전경각	후경각
카운터밸런스 지게차	6° 이하	12° 이하
사이드포크형 지게차	5° 이하	5° 이하

8. 지게차의 운행 사항

- 경사로에서는 급회전을 하면 안 된다.
- 지게차의 중량 제한을 무시하면 안 된다.
- 주행 시 노면 상태에 주의하고 노면이 고르지 않는 곳에서는 서행한다.
- 화물이 백 레스트에 완전히 닿도록 틸트한 상태에서 주행한다.

9. 지게차를 이용한 작업방법

- 주행방향을 바꿀 시 완전 정지 상태 또는 저속 상태에서 주행한다.
- 경사로에서는 후진으로 내려온다.
- 조향륜이 지면으로부터 떨어지지 않도록 밸런스 카운터 및 화물의 중량을 고려하여 작업한다.
- 화물이 백 레스트에 완전히 닿도록 틸트한 상태에서 주행한다.

10. 지게차에 화물을 싣고 공장 또는 창고를 출입할 때 주의 사항

- 차폭과 출입구의 폭을 확인해야 한다.
- 주변 장애물을 확인한 후 이상이 없으면 출입한다.
- 화물이 출입구 높이에 닿지 않도록 한다.
- 차체 밖으로 몸 또는 팔을 내밀지 않는다.

11. 평지에서 지게차를 이용하여 하역작업할 때 적절한 방법

- 화물 앞에 정지 후 마스트가 수직이 되도록 한다.
- 적재 시에는 천천히 작업을 진행한다.

- 파렛트에 올린 화물이 안정되게 올려져 있는지 점검한다.
- 포크를 삽입하고자 하는 위치와 평행하게 한다.

12. 지게차로 화물 운반 시 주의 사항

- 경사지를 운전할 경우 화물을 위쪽으로 한다.
- 화물 운반 거리는 100m 이내로 한다.
- 지면으로부터 약 20~30cm 상승시킨 후 운전한다.
- 노면 상태가 좋지 않을 경우 저속으로 운행한다.

13. 지게차로 화물을 운반하고자 할 때

마스트를 뒤쪽으로 약 6° 정도 경사시켜서 운반한다.

14. 지게차가 적재상태일 때

마스트를 뒤로 기울어지게 한다.

15. 지게차에 화물을 적재한 후 주행하고자 할 때

지게차에 화물을 적재하고 주행할 때 포크와 지면과의 간격은 20~30cm가 가장 적절하다.

16. 지게차를 이용하여 적재작업을 할 때 주의 사항

- 화물을 지면에서 20~30cm 정도 들어 주변을 확인하며 서서히 출발할 것
- 화물 앞에서 일단 정지할 것
- 운반하려는 화물 근처에 가면 서서히 속도를 줄일 것
- 화물의 파손 및 무너짐 등 위험요소를 확인할 것

17. 가파른 경사로에서 지게차를 이용하여 화물을 운반할 때

기어 변속을 저속 상태에 놓고 후진으로 내려온다.

18. 지게차를 주차시키는 경우

포크를 지면에 내려놓는다.

19. 지게차 주차 시 주의 사항

- 엔진을 정지한 후 주차 브레이크를 작동시킨다.
- 엔진 시동을 정지시킨 후 시동 스위치의 키는 뺀다.
- 지면에 포크의 앞쪽 부분이 닿도록 마스트를 전방으로 적절히 위치시킨다.
- 지면에 포크를 완전히 닿게 한다.

20. 지게차를 주차할 때 안전수칙

- 방향전환레버를 중립에 둔다.
- 주차브레이크를 작동시킨다.
- 포크를 바닥까지 완전히 내린다.
- 경사면에 주차하지 않는다.

21. 지게차의 안전수칙

- 엔진 정지 후 연료를 보충한다.
- 안전벨트를 착용한다.
- 물체를 가능한 한 높이올린 상태로 주행 및 선회하지 않는다.
- 주행 중 급선회를 하지 않는다.

22. 지게차의 작업안전수칙

- 주차 시 포크를 완전히 지면에 내린다.
- 경사지를 오르거나 내려올 때는 급회전을 금한다.
- 작업반경 내 출입을 금지한다.

- 지정좌석 외에는 탑승하지 않는다.
- 과속하거나 급선회하지 않는다.
- 포크에 와이어를 걸어서 화물을 매달지 않는다.
- 포크 상승 시 포크 아래에서 작업하지 않는다.
- 포크 위에 사람이 올라가지 않는다.
- 포크를 이용하여 사람을 싣거나 들어올리지 않는다.
- 화물을 한쪽으로 치우치게 적재하지 않는다.
- 화물을 적재하고 경사지를 내려갈 때는 운전 시야 확보를 위해 후진으로 운행한다.
- 적재하중을 준수한다.

23. 지게차의 일상 점검 사항

- 작동유의 양 점검
- 틸트 실린더의 누유 점검
- 타이어 손상 및 공기압 점검
- 배터리 커넥터 연결부의 헐거움 및 피복 벗겨짐 점검
- 배터리 전해액 수준 점검
- 계기판 표시장치 파손 점검
- 각종 링크 및 핀의 마모 점검 등

CHAPTER 3
안전관리

1. **강도율**

연 1,000 근로 시간당 근로손실일 수

2. **도수율(빈도율)**

연 100만 근로 시간당 재해발생 건수

3. **천인율**

근로자수 1,000명당 발생하는 재해자수의 비율

4. **연천인율**

근로자 1,000명당 연간 발생하는 사상자 수

5. **기중기의 안전규칙에서 와이어로프 또는 달기 체인의 권상 안전계수** : 5 이상

※ **안전계수** = 파단하중 ÷ 최대사용하중

6. **전기화재 발생 시 적절한 소화장비**

CO_2 소화기, 분말 소화기, 모래

7. **화재의 분류**

- 일반화재(A급 화재)
- 유류화재(B급 화재)
- 전기화재(C급 화재)
- 금속화재(D급 화재)

8. **유류화재 발생 시 소화방법**

- ABC 소화기 사용
- B급 화재 소화 사용
- 모래를 뿌림

※ **일반화재 발생 시 소화방법** : 물을 뿌림

9. **도시가스가 공급되는 지역에서 지하차도 굴착공사를 하고자 하는 경우**

가스안전 영향평가를 작성하여 시장, 군수 또는 구청장에게 제출해야 함

10. **가스안전 영향평가서를 작성해야 하는 공사**

가스배관이 통과하는 지하보도

11. **도로 굴착 중 황색 도시가스 보호포가 나온 경우 매설된 도시가스 배관의 압력**

저압(0.1MPa 미만)

※ 지상배관은 가스압력과 관계없이 황색으로 표시한다.

12. **도로 굴착 중 적색 도시가스 보호포가 나온 경우 매설된 도시가스 배관의 압력**

중압(0.1MPa 이상 1MPa 미만) 이상

13. **되메움 공사**

도로 굴착자는 되메움 공사를 끝낸 후 도시가스 배관의 손상을 방지하기 위해 최소 3개월 이상 침하 유무를 확인해야 한다.

14. **파일 박기**

도시가스 관련법상 가스배관과의 수평거리 30cm 이내에서 파일 박기를 금지하도록 규정

15. **도시가스 배관 주위에 상수도관 매설 시**

최소한 도시가스 배관과 30cm 이상 이격

16. **도시가스 배관을 아파트 단지 내 도로에 매설할 경우**

배관 상부와 지면과 최소 0.6m 이격

17. 지중전선로 중 직접매설식에 의해 시설할 경우

토관의 깊이를 최소 0.6m 이상(단, 차량 및 기타 중량물의 압력을 받을 우려는 없는 장소이다)

18. 굴착 시 공동주택 등의 부지 내일 경우

도시가스배관 지하매설 심도 : 0.6m 이상

19. 굴착 시 도로폭이 4m 이상 8m 미만일 경우

도시가스배관 지하매설 심도 : 1m 이상

20. 굴착 시 도로폭 8m 이상 도로일 경우

도시가스배관 지하매설 심도 : 1.2m 이상

21. 도로 굴착자가 가스배관 매설위치 확인 시 인력으로 굴착을 실시해야 하는 범위

가스 배관의 주위 1m 이내

22 도시가스 배관 주위에서 굴착장비 등으로 작업할 때 지켜야 할 사항

- 가스배관 주위 1m까지는 장비로 작업이 가능함
- 가스배관 좌 · 우 1m 이내에서는 장비작업을 금하고 인력으로 작업해야 함
- 가스배관 주위 1m 이내에서는 어떤 장비의 작업도 금지함
- 가스배관 주위 1m까지는 사람이 직접 확인할 경우 굴착기 등으로 작업할 수 있음

23. 라인마크

도시가스 배관 매설 시 라인마크는 배관길이 최소 50m마다 1개 이상 설치되어 있음

24. 도로 굴착작업 중 전력케이블 표지시트가 발견되었을 때 조치방법

즉시 굴착작업을 중지하고 해당설비 관리자에게 연락 후 그 지시를 따름

※ 전력케이블 표지시트는 차도에서 지표면 아래 30cm 깊이에 설치되어 있음

25. 한국전력공사에서 고압 이상의 전선로에 대해 규정한 안전거리

154kV 송전선로에 대한 안전거리 : 160cm 이상

26. A의 명칭

현수애자(가공전선의 지지와 전기적 절연을 위하여 사용)

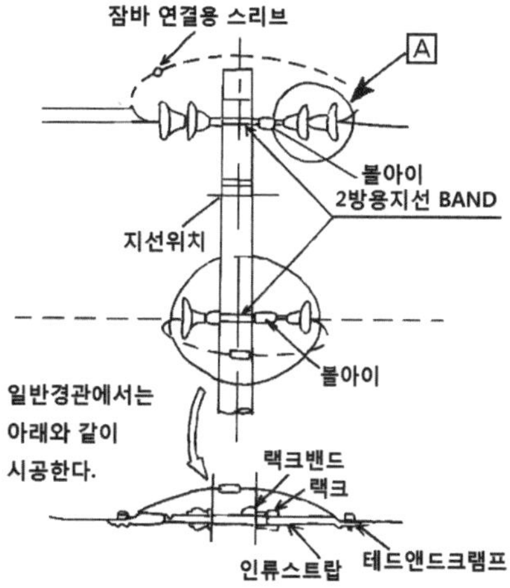

27. 고압 가공전선로 주상변압기를 설치할 때 높이(H) : 시가지에서 4.5m, 시가지 외에서 4m

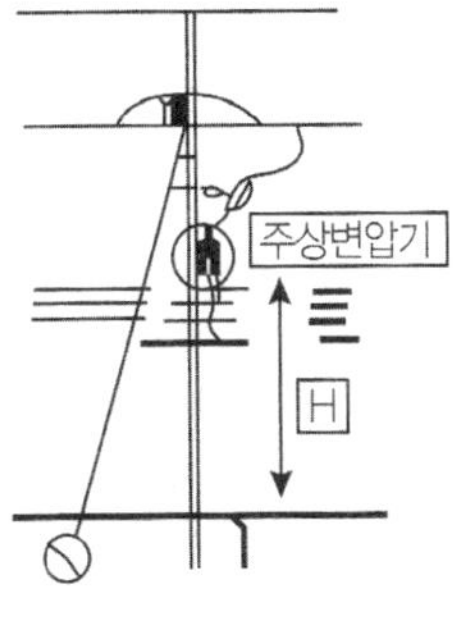

28. 접지 설비

전기기기로 인한 감전 사고를 방지하기 위해 필요한 가장 중요한 설비

29. 안전사고 및 부상의 종류

- 경상해 : 부상으로 인해 1일 이상 7일 이하의 노동 손실을 가져온 상해 정도
- 중상해 : 부상으로 인해 8일 이상의 노동 손실을 가져온 상해 정도
- 사망 : 업무로 인해 목숨을 잃게 된 경우
- 무상해 사고 : 응급처치 이하의 상처로 작업에 종사하면서 치료를 받는 상해 정도

30. 사고로 인한 재해가 가장 많이 발생하는 것

벨트, 풀리

31. 풀리(Pulley)에 벨트를 걸 때 회전이 정지한 상태에서 걸어야 함

32. 엔진의 구동벨트 점검 시 엔진의 상태

정지 상태

33. 산소 용기에서 산소의 누출 여부를 가장 쉽고 안전하게 점검하는 방법

비눗물 사용

34. 아세틸렌가스 용기의 취급방법

- 전도, 전락 방지 조치를 할 것
- 충전용기와 빈 용기는 명확히 구분하여 각각 보관할 것
- 용기의 온도는 40℃ 이하로 할 것
- 용기는 반드시 세워서 보관할 것

35. 가스 용접기에서 사용되는 색상

- 녹색 : 산소 용기, 산소 호스(도관)의 색상
- 청색 : 이산화탄소 용기의 색상
- 황색 : 아세틸렌 용기의 색상
- 적색 : 아세틸렌 호스(도관), 수소 용기의 색상

36. 가스용접 시 안전 사항

- 토치 끝으로 용접물의 위치를 바꾸면 안 됨
- 용접 가스를 들이마시지 않도록 함
- 토치에 점화시킬 때 아세틸렌 밸브를 먼저 열고 그다음 산소 밸브를 엶
- 산소 누설 시험은 비눗물을 사용함

37. 아세틸렌 가스용접의 특징

- 온도와 열효율이 낮음
- 이동이 편리함
- 유해광선이 아크용접보다 적게 발생
- 설비비가 저렴함

38. 렌치 작업 시 올바른 행동

- 스패너는 조금씩 돌리며 사용할 것
- 파이프 렌치는 반드시 둥근 물체에만 사용할 것
- 스패너는 앞으로 당기며 사용할 것

39. 수공구의 올바른 사용방법

- 공구를 청결하게 하여 보관할 것
- 공구를 취급 시 올바른 방법으로 사용할 것
- 공구는 지정된 장소에 보관할 것
- 공구는 사용 전·후로 면 걸레로 깨끗이 닦아 둘 것

40. 스패너 사용 시 유의 사항

- 보관 시 방청제를 바르고 건조한 곳에 보관함
- 파이프 등과 같은 연장대를 끼워서 사용하지 않음

- 녹이 생긴 볼트·너트에는 오일을 넣어 스며들게 한 후 돌림
- 지렛대용으로 사용하지 않음

41. 크레인으로 무거운 화물을 위로 달아 올릴 때 주의 사항

- 위로 달아 올릴 화물의 무게를 파악하여 제한하중 이하에서 작업한다.
- 매달린 화물이 불안전하다고 생각될 때는 즉시 작업을 중단한다.
- 신호자의 신호에 따라 작업한다.

42. 방진마스크

먼지가 많이 발생하는 작업장에서 착용해야 하는 마스크

43. 안전·보건표지의 종류와 형태

① **금지표지(8종)** : 기본모형은 빨간색, 바탕은 흰색, 부호 및 그림은 검은색

출입금지	사용금지	금 연	화기금지

보행금지	탑승금지	차량통행금지	물체이동금지

② **안내표지(8종)** : 바탕은 녹색, 부호 및 그림은 흰색

녹십자 표지	응급구호 표지	비상용 기구	들 것
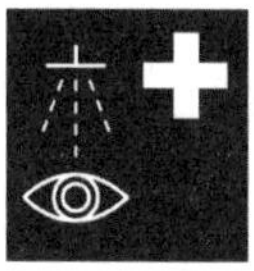			
세안장치	비상구	좌측 비상구	우측 비상구

③ **경고표지(15종)** : 기본모형은 검은색 · 빨간색, 바탕은 노란색 · 무색, 부호 및 그림은 검은색

위험장소 경고	낙하물 경고	인화성물질 경고	산화성물질 경고

폭발성물질 경고	발암성 · 생식독성 · 전신독성 · 변이원성 · 호흡기 과민성 물질 경고		급성독성물질 경고

부식성물질 경고	방사성물질 경고	고온경고	저온경고

매달린물체 경고	몸균형상실 경고	레이저광선 경고	고압전기 경고

④ **지시표지(9종)** : 바탕은 파란색, 그림은 흰색

보안경 착용	안전모 착용	귀마개 착용	방진마스크 착용	안전복 착용

안전화 착용	안전장갑 착용	보안면 착용	방독마스크 착용	

44. 안전 · 보건표지에서 색채와 용도

색 채	용 도	표시 장소
빨간색	경고	화학물질 취급장소에서의 유해 · 위험 경고
	금지	정지신호, 소화설비 및 그 장소, 유해행위의 금지
노란색	경고	화학물질 취급장소에서의 유해 · 위험 경고 이외의 위험경고, 주의표지 또는 기계방호
파란색 (청색)	지시	특정행위의 지시 및 사실의 고지
녹색	안내	비상구 및 피난소, 사람 또는 차량의 통행표시
백색 (흰색)	–	파란색 또는 녹색에 대한 보조색
검정색		문자 및 빨간색 또는 노란색에 대한 보조색
보라색 (자주색)		방사능 등의 표시에 사용

Part 2

Part 2

핵심이론 및 출제예상문제

지게차 작업

Chapter 1 지게차 주행

Chapter 2 화물 적재, 운반, 하역

Chapter 3 안전관리

Part 2

CHAPTER 1
지게차 주행

01 도로주행

1 건설기계 관리법

(1) 건설기계의 범위(건설기계 26종, 특수건설기계 1종 포함 27종)

① 불도저	무한궤도 또는 타이어식인 것
② 굴착기	무한궤도 또는 타이어식으로 굴착장치를 가진 자체중량 1t 이상인 것
③ 로더	무한궤도 또는 타이어식으로 적재장치를 가진 자체중량 2t 이상인 것
④ 지게차	타이어식으로 들어올림장치와 조종석을 가진 것
⑤ 스크레이퍼	흙 · 모래의 굴착 및 운반장치를 가진 자주식인 것
⑥ 덤프트럭	적재용량 12t 이상인 것
⑦ 기중기	무한궤도 또는 타이어식으로 강재의 지주 및 선회장치를 가진 것
⑧ 모터그레이더	정지장치를 가진 자주식인 것
⑨ 롤러	조종석과 전압장치를 가진 자주식인 것. 피견인 진동식인 것
⑩ 노상안정기	노상안정장치를 가진 자주식인 것
⑪ 콘크리트뱃칭플랜트	골재저장통 · 계량장치 및 혼합장치를 가진 것
⑫ 콘크리트피니셔	정리 및 사상장치를 가진 것
⑬ 콘크리트살포기	정리장치를 가진 것
⑭ 콘크리트믹서트럭	혼합장치를 가진 자주식인 것
⑮ 콘크리트펌프	콘크리트배송능력이 매시간당 $5m^3$ 이상. 이동식과 트럭적재식
⑯ 아스팔트믹싱플랜트	골재공급장치 · 건조가열장치 · 혼합장치 · 아스팔트공급장치를 가진 것
⑰ 아스팔트피니셔	정리 및 사상장치를 가진 것
⑱ 아스팔트살포기	아스팔트살포장치를 가진 자주식인 것
⑲ 골재살포기	골재살포장치를 가진 자주식인 것
⑳ 쇄석기	20kW 이상의 원동기를 가진 이동식인 것
㉑ 공기압축기	공기배출량이 매분당 $2.83m^3$(매cm^2당 7kg 기준) 이상의 이동식인 것
㉒ 천공기	천공장치를 가진 자주식인 것
㉓ 항타 및 항발기	헤머 또는 뽑는 장치의 중량이 0.5t 이상인 것
㉔ 자갈채취기	자갈채취장치를 가진 것
㉕ 준설선	펌프식 · 바켓식 · 딧퍼식 또는 그래브식으로 비자항식인 것
㉖ 특수건설기계	국토교통부장관이 따로 정하는 것
㉗ 타워크레인	수직타워의 상부에 위치한 지브(jib)를 선회시켜 중량물을 상하, 전후 또는 좌우로 이동시킬 수 있는 것

(2) 건설기계 범위에 속하지 않는 것

① 천장크레인
② 자체중량 4t 미만 로더
③ 적재용량 5t 덤프트럭

(3) 소형건설기계

① 분류
- 3t 미만 굴착기
- 3t 미만 지게차
- 3t 미만 타워크레인
- 5t 미만 천공기
- 5t 미만 로더

② 조종 교육시간

18시간 (이론 6시간, 실습 12시간)	• 3t 이상 5t 미만 로더 • 5t 미만 불도저
12시간 (이론 6시간, 실습 6시간)	• 3t 미만 로더 • 3t 미만 지게차 • 3t 미만 굴착기

(4) 자동차 1종 대형 면허만으로 조종할 수 없는 건설기계

지게차	3t 미만	1종 대형면허 또는 1종 보통면허가 있는 상태에서 12시간 교육이수 필요
	3t 이상	지게차운전기능사 필요
굴착기	3t 미만	1종 대형면허 또는 1종 보통면허가 있는 상태에서 12시간 교육이수 필요
	3t 이상	굴착기운전기능사 필요

(5) 조명장치

① 번호등 : 최고 속도가 15km/h 미만인 타이어식 건설기계가 갖추지 않아도 되는 조명
② 후부반사기 : 최고 속도가 15km/h 미만인 타이어식 건설기계가 반드시 갖춰야 할 조명장치

(6) 규정속도

① 30km/h 이내 : 총중량 2t 미만인 자동차를 총중량이 그의 3배 이상인 자동차로 견인할 때
② 25km/h 이내 : 총중량 2t 미만인 자동차를 총중량이 그의 3배 이상인 자동차로 견인할 때 외, 이륜자동차가 견인할 때
③ 30km/h 이상 속도를 낼 수 있는 타이어식 건설기계에 좌석 안전띠를 설치해야 함

(7) 건설기계 사업 · 등록 · 검사

① 건설기계 사업
㉠ 건설기계 사업을 영위하고자 하는 자는 시장 · 군수 또는 구청장에게 신고해야 함
㉡ 건설기계 사업의 범위
- 건설기계 해체재활용업 : 폐기 요청된 건설기계의 인수(引受), 재사용 가능한 부품의 회수, 폐기 및 그 등록말소 신청의 대행을 업으로 하는 것
- 건설기계 매매업
  - 건설기계 매매업을 등록하고자 하는 자의 구비서류 : 보증보험증서, 하자보증금예치증서
- 건설기계 정비업 : 건설기계를 분배, 조립하고 수리하는 등 건설기계의 원활한 사용을 위한 일체의 행위를 업으로 하는 것
  - 전문건설기계정비업
  - 종합건설기계정비업
  - 부분건설기계정비업

- 건설기계 대여업(건설기계 대여업을 하고자 하는 자는 시 · 도지사에게 등록해야 함)

㉢ 원동기 전문 건설기계 정비업의 사업범위
- 연료펌프 분해정비
- 실린더 헤드 탈착정비
- 크랭크축 분해정비

※ 원동기 전문 건설기계 정비업은 유압장치 정비업을 할 수 없으며 유압장치 정비업은 종합 건설기계 정비업, 부분 건설기계 정비업, 건설기계 장비 시설을 갖춘 전문 정비사업자만 할 수 있음

㉣ 건설기계 임시운행 사유

건설기계는 미등록 시 사용 또는 운행하지 못한다. 다만, 등록 전에 다음과 같은 사유로 일시적으로 운행할 수 있다. 이때 국토교통부령으로 정하는 바에 따라 임시번호표를 부착해야 한다. 운행기간은 신개발을 위한 운행을 제외하고는 15일 이내이다.

- 신개발 건설기계를 시험 및 연구 목적으로 운행하고자 할 때
- 확인검사를 받기 위해 건설기계를 검사장소로 운행하고자 할 때
- 신규등록검사를 받기 위해 건설기계를 검사장소로 운행하고자 할 때
- 건설기계 등록신청을 하기 위해 등록지로 운행하고자 할 때
- 판매 또는 전시를 위해 건설기계를 일시적으로 운행하고자 할 때
- 수출을 위해 건설기계를 선적지로 운행하고자 할 때
- 수출을 위해 등록을 말소한 건설기계를 정비 · 점검하고자 운행할 때

※ **벌칙** : 미등록 건설기계를 운행한 자는 2년 이하의 징역이나 2천만 원 이하의 벌금

② 건설기계 등록

㉠ 건설기계의 소유자는 대통령령이 정하는 바에 의하여 건설기계 취득일로부터 2개월 이내에 건설기계 등록을 해야 한다.

㉡ 건설기계의 소유자가 건설기계를 등록하고자 할 때 등록신청은 사용 본거지의 관할 특별시장 · 광역시장 또는 시 · 도지사에게 해야 한다.

㉢ 건설기계 등록사항 중 변경사항이 있을 때 소유자는 건설기계등록사항 변경신고서를 시 · 도지사에게 제출해야 함

㉣ 건설기계 등록사항 변경신고
- 변경이 있는 날로부터 30일 이내 신고
- 상속의 경우 상속 개시일로부터 3개월 이내 신고
- 전시 또는 사변 등 기타 이에 준하는 국가비상사태 시에는 5일 이내 신고

㉤ 건설기계 등록사항 변경신고 시 제출서류
- 건설기계 검사증
- 변경을 증명하는 서류
- 건설기계 등록사항 변경신고서
- 건설기계 등록증

㉥ 건설기계 등록 시 건설기계 출처를 증명하는 서류
- 건설기계의 출처를 증명하는 서류
  - 건설기계 제작증
  - 수입면장
  - 매수증서(관청에서 매수한 경우)
- 건설기계 제원표
- 건설기계 소유자임을 증명하는 서류
- 보험 또는 공제 가입 증명 서류

㉦ 건설기계 등록 시 전시, 사변 등 국가비상사태에는 5일 이내에 등록해야 함
- 시·도지사로부터 등록번호표 제작 통지를 받은 건설기계 소유자는 3일 이내에 시·도지사에게 지정받은 등록번호표 제작자에게 등록번호표 제작을 신청해야 함
- 등록번호표 제작 등의 신청을 받은 등록번호표 제작자는 7일 이내에 제작 등을 해야 함
- 등록사항 중 변경이 있을 시에는 변경이 있는 날로부터 30일 이내에 등록해야 함(단, 상속의 경우 상속 개시일로부터 3개월 이내, 국가비상사태의 경우 5일 이내)
- 국가비상사태 외 평시에는 건설기계 취득일로부터 2개월 이내에 등록해야 함

㉧ 건설기계의 등록을 말소할 때 등록번호표를 10일 이내에 시·도지사에게 반납해야 함

㉨ 건설기계 등록말소 사유
- 도난당한 경우
- 건설기계의 차대가 등록 시의 차대와 상이한 경우
- 건설기계를 수출하는 경우
- 정기검사 유효 기간이 만료된 날로부터 3개월 이내에 시·도지사의 최고를 지정받고 지정된 기한까지 정기검사를 받지 않은 경우
- 건설기계를 폐기한 경우
- 연구·목적으로 사용하는 경우
- 부당한 방법으로 등록한 경우
- 천재지변 등 이에 준하는 사고로 사용할 수 없게 되거나 멸실된 경우
- 건설기계안전기준에 적합하지 않는 경우
- 구조적 결함으로 건설기계를 판매·제작자에게 반품한 경우

㉩ 건설기계의 등록번호표
- 등록된 건설기계에는 국토교통부령으로 정하는 바에 따라 등록번호표를 부착 및 봉인하고, 등록번호를 새겨야 한다.
- 건설기계소유자는 등록번호표가 훼손된 경우에는 시·도지사에게 등록번호표의 부착 및 봉인을 신청하여야 한다.
- 등록번호표를 부착하지 않은 건설기계를 운행해서는 안된다.
- 시·도지사로부터 등록번호표 제작 통지를 받은 건설기계소유자는 3일 이내에 등록번호표 제작을 신청하여야 한다.
- 등록번호표 제작자는 시·도지사의 지정을 받아야 하며, 등록번호표제작자는 등록번호표 제작 등의 신청을 받은 때에는 7일 이내에 등록번호표 제작을 하여야 한다.

㉪ 건설기계의 등록번호표에 표시되는 내용
- 등록번호
- 기종
- 용도
- 등록관청

㉫ 건설기계 등록번호표의 도색

구 분		일련번호	색 상
비사업용	관 용	0001 ~ 0999	흰색 바탕에 검은색 문자
	자가용	1000 ~ 5999	
대여사업용		6000 ~ 9999	주황색 바탕에 검은색 문자

등록번호표 반납 : 아래의 경우에 해당하면 10일 이내에 시 · 도지사에게 반납해야 한다.
- 등록이 말소된 경우
- 소유자의 주소지(또는 사용본거지) 및 등록번호의 변경
- 등록번호표나 봉인이 떨어졌거나 식별이 어려워 부착 및 봉인을 신청한 경우

ⓟ 등록건설기계의 기종별 표시

표 시	기 종
01	불도저
02	굴착기
03	로 더
04	지게차
05	스크레이퍼
06	덤프트럭
07	기중기
08	모터그레이더
09	롤 러
10	노상안정기

ⓗ 특별표지판을 부착해야 하는 대형건설 건설기계
- 최소회전반경 12m 초과
- 길이 16.7m 초과
- 총중량 40t 초과
- 높이 4m 초과
- 너비가 2.5m 초과
- 총중량 상태에서 축하중이 10t 초과

③ 건설기계 검사 : 건설기계의 소유자는 국토교통부령으로 정하는 바에 따라 국토교통부장관이 실시하는 검사를 받아야 한다.

㉠ 정기검사 : 검사 유효 기간이 끝난 후에 계속해서 운행하려는 경우 실시하는 검사

- 건설기계의 정기검사를 실시하는 검사업무 대행기관 : 건설기계 안전 관리원
- 신청
  - 건설기계의 정기검사 신청기간은 정기검사 유효기간 만료일 전, 후 각각 30일 이내에 해야 한다.
  - 건설기계검사증 사본과 보험가입을 증명하는 서류를 시 · 도지사에게 제출해야 한다.
  - 검사신청을 받은 시 · 도지사 또는 검사대행자는 신청을 받은 날로부터 5일 이내에 검사일시와 검사장소를 지정하여 신청인에게 통보하여야 한다.
- 건설기계의 정기검사 신청기간은 정기검사 유효 기간 만료일 전 · 후 각각 30일 이내에 해야 함
- 건설기계의 정기검사 유효 기간이 1년이 되는 것은 신규등록일로부터 20년 이상 경과되었을 때임
- 건설기계의 정기검사 유효 기간
  - 굴착기(타이어식) : 1년
  - 로더(타이어식) : 2년(20년 이하), 1년(20년 초과)
  - 지게차(1t 이상) : 2년(20년 이하), 1년(20년 초과)
  - 덤프트럭 : 1년(20년 이하), 6개월(20년 초과)
  - 기중기 : 1년
  - 천공기 : 1년
- 건설기계의 정기검사의 연기 : 천재지변, 도난, 사고, 압류, 1개월 이상의 정비, 그 외 부득이한 사유의 발생으로 검사신청기간 내에 검사를 신

청할 수 없는 경우 정기검사를 연기할 수 있다.
  - 검사 유효기간 만료일까지 정김검사 연기 신청서를 제출
  - 연기 신청은 사·도지사 또는 검사대행자에게 한다.
  - 검사를 연기하는 경우 그 연기기간을 6개월 이내로 한다.
- 건설기계의 정기검사 유효 기간이 연장될 수 있는 경우
  - 타워크레인 또는 천공기가 해체된 경우
  - 해체되어 있는 기간 이내
  - 압류된 건설기계의 경우
  - 압류기간 이내
  - 해외 임대를 위해 일시 반출되는 경우
  - 반출 기간 이내
  - 건설기계 대여업을 휴지한 경우
  - 휴지기간 이내
  - ※ 건설기계의 정기검사를 연기하는 경우에는 그 연기 기간을 6개월 이내로 함
- 건설기계의 제동장치 정기검사
  - 건설기계의 제동장치에 대한 정기검사를 면제 받고자 하는 경우 필요한 첨부 서류 : 건설기계 제동장치 정비확인서
  - 건설기계 제동장치 정비확인서는 건설기계정비업자가 발행
- 건설기계의 정기검사 연기신청
  - 검사연기신청을 받은 시·도지사 또는 검사대행자는 신청일로부터 5일 이내에 검사연기여부를 신청인에게 통지하여야 한다.
  - 불허통지를 받은 자는 검사신청기간 만료일부터 10일 이내에 검사신청을 해야 한다.
- 정기검사의 최고(催告) : 시·도지사는 정기검사를 받지 아니한 건설기계 소유자에게 정기검사 유효기간이 끝난 날부터 3개월 이내에 국토교통부령으로 정하는 바에 따라 10일 이내의 기한을 정하여 정기검사 받을 것을 최고하여야 한다.

㉡ 수시검사 : 성능 불량 또는 사고가 자주 발생하는 건설기계의 안전성 등을 점검하는 검사
- 건설기계의 소유자가 신청할 수 있다.
- 시·도지사가 수시검사를 명령하고자 할 때는 수시검사를 받아야 할 날부터 10일 이전에 건설기계 소유자에게 명령서를 교부해야 함

㉢ 구조변경검사 : 건설기계의 주요 구조를 개조하거나 변경한 경우 실시하는 검사
- 건설기계의 기종이나 육상 작업용 건설기계의 규격의 증가 또는 적재함의 용량 증가를 위한 구조변경은 할 수 없다.
- 구조변경검사는 건설기계검사소(검사대행자)에게 신청해야 한다.
- 건설기계정비업소에서 구조변경 범위 내에서 구조 또는 장치의 변경작업을 한 후 구조변경검사를 받아야 한다.
- 구조변경 검사신청은 변경일로부터 20일 이내에 해야 한다.

> **Tip**
>
> 구조변경 및 개조 범위
> - 건설기계의 길이, 너비, 높이 형식 변경
> - 수상작업용 건설기계의 선체 형식 변경
> - 조종장치의 형식 변경
> - 원동기의 형식 변경
> - 동력전달장치의 형식 변경
> - 주행장치의 형식 변경
> - 유압장치의 형식 변경
> - 조향장치의 형식 변경
> - 제동장치의 형식 변경
> - 작업장치의 형식 변경

㉣ 출장검사

- 검사장에서 검사를 받아야 하는 건설기계
  - 덤프트럭
  - 콘크리트 믹서 트럭
  - 트럭적재식 콘크리트 펌프
  - 아스팔트 살포기
- 출장검사를 받을 수 있는 경우
  - 최고 속도가 35km/h 미만인 경우
  - 너비가 2.5m를 초과하는 경우
  - 축중이 10t을 초과하는 경우
  - 차체 중량이 40t 초과하는 경우
  - 도서 지역에 있는 경우

㉤ 검사기준

- 원동기 성능 검사항목
  - 작동 상태에서 심한 진동 및 이상음이 없을 것
  - 배출가스 허용기준에 적합할 것
  - 원동기의 설치 상태가 확실할 것
- 제동장치의 제동력
  - 모든 축의 제동력의 합이 당해 축중의 50% 이상일 것
  - 동일 차축 좌·우 바퀴의 제동력의 편차는 당해 축중의 8% 이내일 것
  - 주차 제동력의 합이 건설기계 빈차 중량의 20% 이상일 것

(8) 건설기계 관리법규의 벌칙

① 100만 원 이하의 과태료

㉠ 수출 이행 여부를 신고하지 않은 자

㉡ 등록번호표를 부착·봉인하지 않은 자

㉢ 등록번호표를 훼손시켜 알아보기 어렵게 한 자

㉣ 건설기계안전기준에 적합하지 않은 건설기계를 도로에서 운행한 자

㉤ 안전교육 등을 받지 않고 건설기계를 조종한 자

② 50만 원 이하의 과태료

㉠ 임시번호표를 붙이지 않고 운행한 자

㉡ 등록번호표를 반납하지 않은 자

㉢ 정기검사를 받지 않은 자

㉣ 등록말소사유 변경신고를 하지 않거나 거짓으로 신고한 자

③ 1년 이하의 징역 또는 1천만 원 이하의 벌금

㉠ 구조변경검사 또는 수시검사를 받지 않은 자

㉡ 정비명령을 이행하지 않은 자

㉢ 형식승인, 형식변경승인 또는 확인검사를 받지 아니하고 건설기계의 제작 등을 한 자

㉣ 사후관리에 관한 명령을 이행하지 아니한 자

㉤ 내구연한을 초과한 건설기계 또는 건설기계 장치 및 부품을 운행하거나 사용한 자 및 이를 알고도 말리지 아니하거나 운행 또는 사용을 지시한 고용주

ⓑ 부품인증을 받지 아니한 건설기계 장치 및 부품을 사용한 자 및 이를 알고도 말리지 아니하거나 운행 또는 사용을 지시한 고용주

ⓢ 매매용 건설기계를 운행하거나 사용한 자

ⓞ 폐기인수 사실을 증명하는 서류의 발급을 거부하거나 거짓으로 발급한 자

ⓩ 폐기요청을 받은 건설기계를 폐기하지 않거나 등록번호표를 폐기하지 않은 자

ⓒ 건설기계조종사면허를 받지 않고 건설기계를 조종한 자

ⓚ 조종사면허를 거짓이나 부정한 방법으로 받은 자

ⓣ 소형 건설기계의 조종에 관한 교육과정의 이수에 관한 증빙서류를 거짓으로 발급한 자

ⓟ 건설기계조종사면허가 취소되거나 효력정지처분을 받은 후에도 건설기계를 계속 조종한 자

ⓗ 건설기계를 도로나 타인의 토지에 버려둔 자

④ 2년 이하의 징역 또는 2천만 원 이하의 벌금

㉠ 등록되지 않은 건설기계를 사용하거나 운행한 자

㉡ 등록이 말소된 건설기계를 사용하거나 운행한 자

㉢ 시·도지사의 지정을 받지 않고 등록번호표를 제작하거나 등록번호를 새긴 자

㉣ 건설기계의 원동기, 동력전달장치, 제동장치 등 주요 장치를 변경 또는 개조한 자

㉤ 등록을 하지 않고 건설기계사업을 하거나 거짓으로 등록한 자

㉥ 등록이 최소되거나 사업의 전부 또는 일부가 정지된 건설기계사업자로서 계속하여 사업을 한 자

⑤ 건설기계 조종사 면허

㉠ 조종사 면허의 결격사유

- 18세 미만인 경우
- 정신질환자 또는 뇌전증 환자
- 앞을 보지 못하는 사람, 듣지 못한는 사람, 그 밖에 국토교통부령으로 정하는 장애인
- 마약, 대마, 향정신성의약품 또는 알코올 중독자
- 건설기계조종사면허가 취소된 날부터 1년이 지나지 않았거나 건설기계조종사면허의 효력정지처분 기간 중에 있는 사람

㉡ 조종사 면허의 적성검사 기준

- 양안 시력 0.7(교정시력 포함) 이상이고 각 눈의 시력이 0.3 이상일 것
- 55데시벨(보청기 사용자는 40데시벨)의 소리를 들을 수 있고, 언어분별력이 80% 이상일 것
- 시각은 150° 이상일 것
- 정신질환자 또는 뇌전증 환자가 아닐 것
- 마약, 대마, 향정신성의약품 또는 알코올 중독자가 아닐 것

㉢ 건설기계 조종사면허를 면허취소하거나 면허효력을 정지시킬 수 있는 자 : 시장·군수 또는 구청장

※ 시장·군수 또는 구청장은 건설기계 조종사면허를 취소 또는 1년 이내의 기간을 정하여 면허효력을 정지시킬수 있음

㉣ 건설기계 조종 중 재산피해를 입혔을 때 피해금액 50만 원당 면허효력 정지기간 : 1일

※ 50만 원당 1일씩 이며 최대 90일을 넘지 못함

ⓜ 건설기계조종사의 면허취소 사유
- 고의로 인명피해를 입힌 경우
- 과실로 중대재해가 발생한 경우
- 거짓이나 부정한 방법으로 건설기계조종사면허를 받은 경우
- 건설기계조종사면허의 효력정지기간 중 건설기계를 조종한 경우
- 정기적성검사를 받지 않거나 적성검사에 불합격한 경우
- 만취한 상태(혈중 알코올 농도 0.08% 이상)에서 조종한 경우
- 면허증을 타인에게 대여한 경우

ⓑ 고의 또는 과실 이외 기타 인명 피해를 입힌 경우
- 경상 1명마다 면허효력 정지 5일
- 중상 1명마다 면허효력 정지 15일
- 사망 1명마다 면허효력 정지 45일

※ **교통사고에 의한** 경상**의 기준** : 3주 미만의 치료를 요하는 부상
교통사고에 의한 중상**의 기준** : 3주 이상의 치료를 요하는 부상

ⓢ 건설기계 조종사 면허증의 반납 사유
- 면허효력이 정지된 경우
- 면허가 취소된 경우
- 면허증을 재교부 받은 후에 분실된 면허증을 발견한 경우

※ 면허증 반납 사유가 발생한 날로부터 10일 이내 주소지 관할 시장·군수 또는 구청장에게 반납해야 함

ⓞ 자동차 1종 대형면허로 조종하는 건설기계
- 덤프트럭, 아스팔트 살포기, 노상 안정기 콘크리트 믹서트럭, 콘크리트 펌프, 천공기(트럭적재식)
- 특수 건설기계 중 국토교통부장관이 지정하는 건설기계(3톤 미만의 지게차 등)

※ 3t 미만의 지게차와 굴착기는 1종 보통 또는 1종 대형 면허를 가지고 있는 자가 시·도지사가 지정한 교육기관에서 12시간(이론 6시간, 실습 6시간)의 교육을 이수하여 조종할 수 있다.

2 교통법규 및 안전운전 준수

(1) 건설기계의 주행차로

① 고속도로 외의 도로 : 오른쪽 차로

② 고속도로 : 편도 2차로의 경우는 2차로, 편도 3차로 이상의 경우는 오른쪽 차로

※ **오른쪽 차로** : 앞지르기를 위한 1차로 외에 1차로에 가까운 차로를 왼쪽 차로, 그 외는 오른쪽 차로

※ **편도 4차로 자동차전용도로에서 지게차의 주행차로** : 4차로

(2) 감속 운행해야 하는 경우

① 최고속도의 50/100을 줄인 속도로 운행해야 하는 경우
- 폭우, 폭설, 안개 등으로 인해 가시거리가 100m 이내인 경우
- 눈이 20mm 이상으로 쌓인 경우
- 노면이 얼어붙은 경우

② 최고속도의 20/100을 줄인 속도로 운행해야 하는 경우
- 눈이 20mm 미만으로 쌓인 경우
- 노면이 젖어 있는 경우

(3) 앞지르기 금지 장소

① 다리 위, 경사로의 정상 부근

② 급경사로의 내리막, 도로의 구부러진 곳

③ 앞지르기 금지표지 설치 장소

④ 터널 안, 교차로

⑤ 비탈길의 고갯마루 부근

(4) 도로 주행에서 앞지르기

① 앞지르기를 할 때는 안전한 속도와 방법으로 한다.

② 앞지르기를 할 때는 교통상황에 따라 경음기를 사용할 수 있다.

③ 앞지르기 당하는 차는 속도를 높여 경쟁하거나 가로막는 등 방해해서는 안 된다.

(5) 올바른 정차방법

① 진행 방향과 평행하게 정차한다.

② 도로의 우측 가장자리에 정차한다.

③ 교통에 방해되지 않도록 정차한다.

(6) 주차 금지 장소

① 화재경보기로부터 3m 이내인 곳

② 도로 공사를 하고 있는 경우 그 공사구역의 양쪽 가장자리로부터 5m 이내인 곳

③ 터널 안 및 다리 위

④ 소방용 기계 및 기구가 설치된 곳으로부터 5m 이내인 곳

⑤ 소방용 방화 물통으로부터 5m 이내인 곳

⑥ 소화전 또는 소화용 방화 물통의 흡수구나 흡수관을 넣는 구멍으로부터 5m 이내인 곳

⑦ 지방경찰청장이 지정한 곳

(7) 주 · 정차 금지 장소

① 횡단보도

② 건널목 가장자리 또는 횡단보도로부터 10m 이내

③ 안전지대의 사방으로부터 각각 10m 이내

④ 교차로 가장자리로부터 5m 이내

⑤ 차도와 보도가 구분된 도로의 보도

⑥ 버스 정류지 표시로부터 10m 이내

⑦ 지방경찰청장이 지정한 곳

(8) 신호 및 지시

① 도로를 통행하는 보행자와 차마의 운전자는 교통안전시설이 표시하는 신호 또는 지시와 교통정리를 하는 경찰공무원 및 대통령령이 정하는 경찰보조자의 신호 또는 지시를 따라야 한다.

② 보행자와 차마의 운전자는 교통안전시설이 표시하는 신호 또는 지시와 교통정리를 하는 경찰공무원의 신호 또는 지시가 다른 경우 경찰공무원의 신호 또는 지시에 따라야 한다.

※ **가장 우선적인 신호** : 경찰관 수신호

(9) 교통사고를 야기한 도주차량 신고로 인한 벌점상계에 대한 특혜점수 : 40점+

(10) 벌점의 누산 점수 초과로 인한 면허취소 기준 중 1년간 최소 누산 점수 : 121점

(11) 음주운전 측정 및 처벌 기준

① 술에 취한 상태의 기준 혈중알코올농도 : 0.03% 이상

② 면허정지 : 0.03% 이상 0.08% 미만

③ 먼허취소 : 0.08% 이상(만취 상태)

④ 음주운전 2회 이상 적발 시, 징역 2~5년 또는 벌금 1,000~2,000만 원

⑤ 음주운전 사망 : 최고 무기징역, 최저 3년 이상 징역

(12) 통행의 우선순위

① 긴급자동차 → 긴급 자동차 외의 자동차 → 원동기장치 자전거 → 자동차 및 원동기장치 자전거 외의 차마

② 긴급자동차 외 일반자동차 간의 통행 우선순위는 최고속도의 순서에 따름

③ 비탈진 좁은 도로에서는 올라가는 자동차가 내려가는 자동차에게 도로의 우측 가장자리로 피하여 진로를 양보해야 한다. (내려가는 차 우선)

④ 좁은 도로 또는 비탈진 좁은 도로에서는 빈 자동차가 도로의 우측 가장자리로 진로를 양보하여야 한다. (화물적재차량이나 승객이 탑승한 차 우선)

(13) 차로가 설치된 도로에서 통행하는 방법 중 위반되는 경우

① 두 개의 차로에 걸쳐 운행한 경우

② 갑자기 차로를 바꾸어 옆 차선에 끼어드는 경우

③ 여러 차로를 연속적으로 가로 지르는 경우

※ 일반 통행도로에서 중앙 좌측 부분을 통행하는 경우는 위반사항이 아님

(14) 도로교통법상에서 정의된 긴급자동차

긴급자동차란 소방자동차, 구급자동차, 혈액공급차량 및 그 밖에 대통령령이 정하는 자동차로서 그 본래의 긴급한 용도로 사용되고 있는 자동차를 말한다.

① 위독환자의 수혈을 위한 혈액 운송 차

② 국군이나 연합군 긴급차에 유도되고 있는 차

③ 응급 전신·전화 수리공사에 사용되는 차

④ 긴급한 경찰업무수행에 사용되는 차

⑤ 경찰 긴급자동차에 유도되고 있는 차

⑥ 생명이 위급한 환자를 태우고 가는 승용자동차

※ 우선권과 특례권을 적용받으려면 경광등을 켜고 경음기를 울려야 한다.

※ 긴급 용무임을 표시할 때는 제한속도 준수 및 앞지르기 금지, 일시정지 의무 등의 적용은 받지 않는다.

(15) 일시 정지 및 서행

① 일시정지할 장소

㉠ 교통정리를 하고 있지 않은 교통이 빈번한 교차로

㉡ 지방경찰청장이 안전표지로 지정한 곳

㉢ 보행자의 통행을 방해할 우려가 있거나 교통사고의 위험이 있는 곳

② 서행할 장소

㉠ 교통정리를 하고 있지 않은 교차로

㉡ 도로가 구부러진 곳

㉢ 비탈길의 고갯마루(정상) 부근

㉣ 가파른 비탈길의 내리막

㉤ 지방경찰청장이 안전표지로 지정한 곳

(16) 신호등화와 통행방법

① 녹색 신호 시 차마는 직진할 수 있으며, 다른 교통에 방해되지 않을 시 우회전할 수 있으나 좌회전을 할 수는 없다.

② 비보호 좌회전 표시에서는 반대 방향에서 오는 교통에 방해되지 않게 좌회전한다.

③ 황색 신호 시 우회전할 때 보행자의 횡단을 방해해서는 안 된다.

④ 황색 신호 시 교차로에 진입하였으면 신속히 통과한다.

⑤ 적색 신호 시 정지해야 하며, 측면 교통을 방해하지 않는 한 우회전 할 수 있다.

⑥ 황색 신호 점멸 시 주의하며 서행한다.

⑦ 적색 신호 점멸 시 일시 정지한다.

(17) 교차로 통행방법

① 교차로에서 우회전 시 30m 전방에서 미리 우측차선에서 서행하면서 우회전한다.

② 좌회전 시 미리 중앙선을 따라 서행하면서 교차로 중심 안쪽을 이용한다.

③ 교차로에서 진로변경 시 교차로 가장자리 30m 이상 지점에서 방향 지시등을 켠다.

④ 교차로에서 직진 시 이미 교차로에 진입하여 좌회전하는 차량의 진로를 방해할 수 없다.

⑤ 교차로에서는 정차하지 못한다.

⑥ 교차로에서는 앞지르기하지 못한다.

⑦ 교통정리가 행해지지 않는 교차로에서 운선순위가 같은 차량이 동시에 진입한 때 우측도로의 차가 우선한다.

⑧ 교차로 또는 그 부근에서 긴급자동차가 접근 시 교차로를 피하여 우측 가장자리에 일시정지한다.

⑨ 비보호 좌회전 교차로에서는 녹색 신호 시 반대방향의 교통에 방해되지 않게 좌회전한다.

⑩ 녹색신호에서 교차로 내를 직진 중 황색신호로 바뀌었을 때는 신속히 교차로를 통과한다.

(18) 철길 건널목 통행방법

① 일시 정지 후 통과한다.

② 신호기의 신호에 따를 때는 정지하지 않고 통과할 수 있다.

③ 경보기가 울리는 동안에는 통과할 수 없다.

④ 차단기가 내려오려고 할 때는 통과할 수 없다.

⑤ 앞지르기 할 수 없다.

⑥ 철길 건널목 부근에 주 · 정차할 수 없다.

(19) 안전표지의 종류

① **보조표지** : 안전표지의 주 기능을 보조하여 알리는 표지

② **지시표지** : 안전을 위하여 지시를 따르도록 알리는 표지

③ **주의표지** : 도로가 위험하거나 위험물이 있을 경우 알리는 표지

④ **규제표지** : 제한, 금지 등의 규제를 알리는 표지

⑤ **노면표지** : 노면에 기호, 문자 또는 선으로 알리는 표지

(20) 교통안전표지의 종류와 형태

진입금지	최저속도 제한	최고속도 제한	차 중량 제한

좌 · 우로 이중 굽은 도로	좌 · 우회전	회전형 교차로	

(21) 도로교통법 관련 벌칙

5년 이하의 징역이나 1,500만 원 이하의 벌금	교통사고 발생 시의 조치를 하지 아니한 사람 1. 사상자를 구호하는 등 필요한 조치 2. 피해자에게 인적 사항(성명 · 전화번호 · 주소 등) 제공
3년 이하의 징역이나 700만 원 이하의 벌금	신호기를 조작하거나 교통안전시설을 철거 · 이전하거나 손괴한 사람(이에 따른 행위로 인하여 도로에서 교통위험을 일으키게 한 사람은 5년 이하의 징역이나 1천500만 원 이하의 벌금에 처한다.)
2년 이하의 금고나 500만 원 이하의 벌금	운전자가 업무상 필요한 주의를 게을리하거나 중대한 과실로 다른 사람의 건조물이나 그 밖의 재물을 손괴한 경우
1년 이하의 징역이나 500만 원 이하의 벌금	– 자동차 등을 난폭운전한 사람 – 최고속도보다 시속 100킬로미터를 초과한 속도로 3회 이상 자동차 등을 운전한 사람
1년 이하의 징역이나 300만 원 이하의 벌금	– 운전면허를 받지 아니하고 자동차를 운전한 사람 – 운전면허를 받지 아니한 사람에게 자동차를 운전하도록 시킨 고용주 등 – 거짓으로 운전면허를 발급받은 사람 – 교통에 방해가 될 만한 물건을 함부로 도로에 내버려둔 사람 – 교통안전교육강사가 아닌 사람으로 하여금 교통안전교육을 하게 한 교통안전교육기관의 장 – 유사명칭 등을 사용한 사람
6개월 이하의 징역이나 200만 원 이하의 벌금 또는 구류	– 정비불량차를 운전하도록 시키거나 운전한 사람 – 경찰공무원의 요구 · 조치 또는 명령에 따르지 아니하거나 이를 거부 또는 방해한 사람 – 교통단속을 회피할 목적으로 교통단속용 장비의 기능을 방해하는 장치를 제작 · 수입 · 판매 또는 장착한 사람 – 교통단속용 장비의 기능을 방해하는 장치를 한 차를 운전한 사람 – 교통사고 발생 시의 조치 또는 신고 행위를 방해한 사람 – 함부로 교통안전시설이나 그 밖에 그와 비슷한 인공구조물을 설치한 사람
30만 원 이하의 벌금이나 구류	– 자동차 등에 도색 · 표지 등을 하거나 그러한 자동차 등을 운전한 사람 – 원동기장치자전거를 운전할 수 있는 운전면허를 받지 아니하고 원동기장치자전거를 운전한 사람 및 운전하도록 시킨 고용주 등 – 과로 · 질병으로 인하여 정상적으로 운전하지 못할 우려가 있는 상태에서 자동차 등 또는 노면전차를 운전한 사람 – 보호자를 태우지 아니하고 어린이통학버스를 운행한 운영자 – 어린이나 영유아가 하차하였는지를 확인하지 아니한 운전자 – 어린이 하차확인장치를 작동하지 아니한 운전자 – 보호자를 태우지 아니하고 운행하는 어린이통학버스에 보호자 동승표지를 부착한 자 – 사고발생 시 조치상황 등의 신고를 하지 아니한 사람 – 고속도로 등을 통행하거나 횡단한 사람 – 경찰서장의 명령을 위반한 사람 – 최고속도보다 시속 80킬로미터를 초과한 속도로 자동차 등을 운전한 사람
20만 원 이하의 벌금 또는 구류	경찰공무원의 운전면허증등의 제시 요구나 운전자 확인을 위한 진술 요구에 따르지 아니한 사람

20만 원 이하의 벌금이나 구류 또는 과료(科料)		- 좌석안전띠를 매지 아니하거나 인명보호 장구를 착용하지 아니한 운전자 - 자율주행시스템의 직접 운전 요구에 지체 없이 대응하지 아니한 자율주행자동차의 운전자 - 경찰공무원의 운전면허증 회수를 거부하거나 방해한 사람 - 주 · 정차된 차만 손괴한 것이 분명한 경우에 피해자에게 인적 사항을 제공하지 아니한 사람 - 술에 취한 상태에서 자전거 등을 운전한 사람
과태료	500만 원 이하	- 교통안전교육기관 운영의 정지 또는 폐지 신고를 하지 아니한 사람 - 강사의 인적 사항과 교육 과목을 게시하지 아니한 사람 - 수강료 등을 게시하지 아니하거나 게시된 수강료 등을 초과한 금액을 받은 사람 - 수강료 등의 반환 등 교육생 보호를 위하여 필요한 조치를 하지 아니한 사람 - 학원이나 전문학원의 휴원 또는 폐원 신고를 하지 아니한 사람 - 어린이통학버스를 신고하지 아니하고 운행한 운영자
	20만 원 이하	- 동승자에게 좌석안전띠를 매도록 하지 아니한 운전자 - 동승자에게 인명보호 장구를 착용하도록 하지 아니한 운전자 - 어린이통학버스 안에 신고증명서를 갖추어 두지 아니한 어린이통학버스의 운영자 - 어린이통학버스에 탑승한 어린이나 영유아의 좌석안전띠를 매도록 하지 아니한 운전자 - 어린이통학버스 안전교육을 받지 아니한 운전자와 운영자 - 안전운행기록을 제출하지 아니한 어린이통학버스의 운영자 - 고속도로 등에서의 준수사항(고장자동차의 표지를 항상 비치하며, 고장이나 그 밖의 부득이한 사유로 자동차를 운행할 수 없게 되었을 때에는 자동차를 도로의 우측 가장자리에 정지시키고 행정안전부령으로 정하는 바에 따라 그 표지를 설치하여야 한다)을 위반한 운전자 - 긴급자동차의 운전업무에 종사하는 사람으로서 긴급자동차의 안전운전 등에 관한 교육을 받지 아니한 사람 - 운전면허증 갱신기간에 운전면허를 갱신하지 아니한 사람 - 정기 적성검사 또는 수시 적성검사를 받지 아니한 사람

* 음주 운전

혈중알코올농도	벌 칙
0.2퍼센트 이상	2년 이상 5년 이하의 징역이나 1천만 원 이상 2천만 원 이하의 벌금
0.08퍼센트 이상 0.2퍼센트 미만	1년 이상 2년 이하의 징역이나 500만 원 이상 1천만 원 이하의 벌금
0.03퍼센트 이상 0.08퍼센트 미만	1년 이하의 징역이나 500만 원 이하의 벌금

출제 예상 문제

01 **건설기계관리법상 자동차 1종 대형 면허로 조종할 수 없는 건설기계는?**

① 콘크리트펌프
② 천공기(트럭 적재식)
③ 굴착기
④ 콘크리트 믹서 트럭

해설
- 3t 미만 굴착기 : 1종 대형면허 또는 1종 보통면허가 있는 상태에서 12시간 교육이수 필요
- 3t 이상 굴착기 : 굴착기운전기능사 필요

02 **건설기계관리법상 소형건설기계로 분류되는 것은?**

① 5t 미만 굴착기
② 5t 미만 지게차
③ 5t 이상 천공기
④ 5t 미만 로더

해설
소형건설기계의 분류
- 3t 미만 굴착기
- 3t 미만 지게차
- 5t 미만 천공기
- 5t 미만 로더
- 3t 미만 타워크레인

03 **1종 대형면허로 운전할 수 없는 것은?**

① 노상안정기 ② 지게차
③ 덤프트럭 ④ 아스팔트 살포기

해설
- 3t 미만 지게차 : 1종 대형면허 또는 1종 보통면허가 있는 상태에서 12시간 교육이수 필요
- 3t 이상 지게차 : 지게차운전기능사 필요

04 **최고 속도 15km/h 미만인 건설기계가 갖추지 않아도 되는 조명은?**

① 제동등 ② 후부반사기
③ 번호등 ④ 전조등

해설
최고 속도 15km/h 미만인 건설기계가 반드시 갖춰야 할 조명장치는 후부반사기이다.

05 **건설기계의 소유자는 어느 령이 정하는 바에 의하여 건설기계 등록을 해야 하는가?**

① 대통령령
② 국무총리령
③ 시 · 도지사령
④ 국토교통부장관령

06 **시 · 도지사의 직권이나 소유자의 신청으로 건설기계의 등록을 말소할 수 있는 사유가 아닌 것은?**

① 건설기계 정기검사에 불합격된 경우
② 건설기계를 도난당한 경우
③ 건설기계의 차대가 등록 시의 차대와 상이한 경우
④ 건설기계를 수출하는 경우

해설
등록말소 사유
- 건설기계를 도난당한 경우
- 건설기계의 차대가 등록 시의 차대와 상이한 경우
- 건설기계를 수출하는 경우
- 정기검사 유효 기간이 만료된 날로부터 3개월 이내에 시 · 도지사의 최고를 지정 받고 지정된 기한까지 정기검사를 받지 않은 경우
- 건설기계를 폐기한 경우
- 연구 · 목적으로 사용하는 경우
- 부당한 방법으로 등록한 경우

[정답] 01. ③ 02. ④ 03. ② 04. ③ 05. ① 06. ①

- 천재지변 등 이에 준하는 사고로 사용할 수 없게 되거나 멸실된 경우
- 건설기계안전기준에 적합하지 않는 경우
- 구조적 결함으로 건설기계를 판매 · 제작자에게 반품한 경우

07 건설기계의 소유자가 건설기계를 등록하고자 할 때 등록신청은 누구에게 해야 하는가?

① 시 · 도지사
② 전문 건설기계 정비업자
③ 국토교통부장관
④ 검사대행자

해설 건설기계 등록신청은 건설기계 소유자의 주소지 또는 건설기계 사용 본거지의 관할 시 · 도지사에게 한다.

08 관용 건설기계의 등록번호표 색깔은?

① 백색 판에 흑색 문자
② 주황색 판에 백색 문자
③ 청색 판에 백색 문자
④ 녹색판에 백색 문자

해설 건설기계 등록번호표는 비사업용(관용 또는 자가용)과 대여사업용으로 구분되며 임시번호표는 목판으로 백색판에 흑색 문자이다.

구 분		일련번호	색 상
비사업용	관 용	0001 ~ 0999	흰색 바탕에 검은색 문자
	자가용	1000 ~ 5999	
대여사업용		6000 ~ 9999	주황색 바탕에 검은색 문자

09 등록건설기계의 기종별 표시가 바르게 짝지어진 것은?

① 01 – 불도저
② 02 – 모터그레이더
③ 03 – 지게차
④ 04 – 덤프트럭

해설 등록건설기계의 기종별 표시

표 시	기 종	표 시	기 종
01	불도저	06	덤프트럭
02	굴착기	07	기중기
03	로 더	08	모터 그레이더
04	지게차	09	롤 러
05	스크레이퍼	10	노상 안정기

10 특별표지판을 부착해야 하는 대형 건설기계에 포함되지 않는 것은?

① 최소회전반경 14m인 건설기계
② 길이 17m인 건설기계
③ 총 중량 50t인 건설기계
④ 높이 3.5m인 건설기계

해설 특별표지판 부착해야 하는 대형 건설기계
- 최소회전반경 12m 초과
- 길이 16.7m 초과
- 총중량 40t 초과
- 높이 4m 초과
- 너비가 2.5m 초과
- 총중량 상태에서 축하중이 10t 초과

11 폐기 요청을 받은 건설기계를 폐기하지 않거나 등록번호표를 폐기하지 않은 자에 대한 벌칙은?

① 2년 이하의 징역 또는 2천만 원 이하의 벌금
② 1년 이하의 징역 또는 1천만 원 이하의 벌금
③ 2백만 원 이하의 벌금
④ 1백만 원 이하의 벌금

해설
- 폐기 요청을 받은 건설기계를 폐기하지 않거나 등록번호표를 폐기하지 않은 자는 1년 이하의 징역 또는 1천만 원 이하의 벌금에 처한다.

[정답] 07. ① 08. ① 09. ① 10. ④ 11. ②

12 **건설기계 정비업의 종류로 맞는 것은?**

① 전문건설기계정비업, 특수건설기계정비업, 부분건설기계정비업
② 전문건설기계정비업, 종합건설기계정비업, 부분건설기계정비업
③ 전문건설기계정비업, 특수건설기계정비업, 중기건설기계정비업
④ 전문건설기계정비업, 종합건설기계정비업, 장기건설기계정비업

13 **건설기계조종사면허를 받지 않고 건설기계를 조종한 자에 대한 벌칙은 무엇인가?**

① 100만 원 이하의 벌금
② 1년 이하의 징역 또는 1천만 원 이하의 벌금
③ 과태료 10만 원
④ 2년 이하의 징역 또는 2천만 원 이하의 벌금

해설 건설기계조종사면허를 받지 않고 건설기계를 조종한 자는 1년 이하의 징역 또는 1천만 원 이하의 벌금을 적용한다.

14 **20년 초과된 1t 이상 지게차의 정기검사 유효 기간은?**

① 3개월 ② 6개월
③ 1년 ④ 2년

해설 지게차(1t 이상) : 2년(20년 이하), 1년(20년 초과)

15 **20년 이하 1t 이상 지게차의 정기검사 유효기간은?**

① 6개월 ② 1년
③ 2년 ④ 3년

해설 지게차(1t 이상) : 2년(20년 이하), 1년(20년 초과)

16 **건설기계의 정기검사 유효 기간이 연장될 수 있는 경우의 설명으로 틀린 것은?**

① 타워크레인 또는 천공기가 해체된 경우 - 해체 후 1개월 이내
② 압류된 건설기계의 경우 - 압류기간이내
③ 해외 임대를 위해 일시 반출되는 경우 - 반출 기간 이내
④ 건설기계 대여업을 휴지한 경우 - 휴지기간 이내

해설 타워크레인 또는 천공기가 해체된 경우 - 해체되어 있는 기간 이내
※ 건설기계의 정기검사를 연기하는 경우에는 그 연기 기간을 6개월 이내로 한다.

17 **건설기계 조종사의 면허취소 사유인 것은?**

① 고의로 인명피해를 일으킨 때
② 정기검사를 받지 않은 때
③ 2천만 원 재산피해를 입힌 때
④ 등록번호표를 반납하지 않은 때

해설
- 고의로 인명피해를 입힌 경우
- 과실로 중대재해가 발생한 경우
- 거짓이나 부정한 방법으로 건설기계 조종사면허를 받은 경우
- 건설기계 조종사면허의 효력정지기간 중 건설기계를 조종한 경우
- 정기적성검사를 받지 않거나 적성검사에 불합격한 경우
  ※ **2천만 원 재산피해를 입힌 때** : 면허효력정지 40일(50만 원당 1일, 최대 90일을 넘지 못함)

[정답] 12. ② 13. ② 14. ③ 15. ③ 16. ① 17. ①

18 건설기계 운전자가 조종 중 고의로 인명피해를 입히는 사고를 일으킨 경우 면허처분 기준은?

① 면허효력 정지 5일
② 면허효력 정지 15일
③ 면허효력 정지 45일
④ 면허취소

해설
- **면허효력 정지 5일** : 고의 또는 과실 이외 기타 인명 피해를 입힌 경우 경상 1명마다
- **면허효력 정지 15일** : 고의 또는 과실 이외 기타 인명 피해를 입힌 경우 중상 1명마다
- **면허효력 정지 45일** : 고의 또는 과실 이외 기타 인명 피해를 입힌 경우 사망 1명마다

19 다음 신호 중에서 가장 우선적인 신호는?

① 안전표시 지시 ② 신호등 신호
③ 신호기 신호 ④ 경찰관 수신호

해설 가장 우선적인 신호는 경찰관의 수신호이다.

20 편도 4차로 자동차전용도로에서 지게차의 주행차로는?

① 1차로 ② 2차로
③ 3차로 ④ 4차로

21 음주운전 측정 및 처벌 기준에서 술에 취한 상태의 기준 혈중알코올농도는 몇 % 이상인가?

① 0.03% ② 0.05%
③ 0.08% ④ 0.10%

해설
- **술에 취한 상태의 기준 혈중알코올농도** : 0.03% 이상
- **면허정지** : 0.03% 이상 0.08% 미만
- **면허취소** : 0.08% 이상(만취 상태)

22 통행의 우선순위가 바르게 나열된 것은?

① 승합자동차 → 원동기장치 자전거 → 긴급자동차
② 건설기계 → 원동기장치 자전거 → 승용자동차
③ 긴급자동차 → 원동기장치 자전거 → 승용자동차
④ 긴급자동차 → 일반자동차 → 원동기장치 자전거

해설 긴급자동차 외 일반자동차 간의 통행 우선순위는 최고 속도의 순서에 따른다.

23 건설기계로 도로주행 시 교차로 전방 20m 지점에 이르렀을 때 신호등이 황색으로 바뀌었다. 운전자의 적절한 조치방법은?

① 관계없이 계속 진행한다.
② 주위의 교통상황을 예의주시하면서 진행한다.
③ 일시 정지하여 안전을 확인한 후 진행한다.
④ 정지할 준비를 하여 정지선에 정지한다.

24 교차로 통행 방법에 대한 설명 중 틀린 것은?

① 교차로에서는 앞지르기를 할 수 없다.
② 교차로에서는 정차하지 못한다.
③ 교차로에서는 반드시 경음기를 작동시킨다.
④ 좌우 회전 시 방향지시등으로 신호를 해야 한다.

[정답] 18. ④ 19. ④ 20. ④ 21. ① 22. ④ 23. ④ 24. ③

25 **교차로 통행 방법에 대한 설명으로 틀린 것은?**

① 좌회전 시 교차로 중심 안쪽으로 서행한다.
② 교차로 내에는 차선이 없기 때문에 진행 방향을 임의로 바꿀 수 있다.
③ 교차로에서 우회전 시 서행한다.
④ 교차로에서 직진하려는 차는 이미 교차로에 진입하여 좌회전하고 있는 차의 진로를 방해할 수 없다.

26 **도로교통법상에서 올바른 정차방법에 대한 설명으로 맞는 것은?**

① 진행 방향과 비스듬하게 정차한다.
② 진행 방향과 평행하게 정차한다.
③ 도로의 좌측 가장자리에 정차한다.
④ 도로의 중앙에 정차한다.

해설
- 진행 방향과 평행하게 정차한다.
- 도로의 우측 가장자리에 정차한다.

27 **차마(車馬)가 도로 이외의 장소에 출입하기 위해 보도를 횡단하려고 할 때 가장 적절한 통행 방법은?**

① 보도 직전에서 일시 정지하여 보행자의 통행을 방해하지 않아야 한다.
② 보행자가 있어도 차마(車馬)가 우선출입한다.
③ 보행자 유무에 관계없이 주행한다.
④ 보행자가 없으면 빨리 주행한다.

28 **도로교통법상에서 교차로의 가장자리 또는 도로의 모퉁이로부터 몇 m 이내의 장소에 주·정차를 해서는 안 되는가?**

① 3m ② 5m
③ 7m ④ 10m

29 **일시 정지 안전 표지판이 설치된 횡단보도에서 위반되는 경우는?**

① 횡단보도 직전에 일시 정지하여 안전을 확인 후 통과하였다.
② 경찰공무원이 진행신호를 하여 일시정지하고 않고 통과하였다.
③ 보행자가 보이지 않아 그대로 통과하였다.
④ 연속적으로 진행 중인 앞차의 뒤를 따라 진행할 때 일시 정지하였다.

30 **도로교통법상에서 일시 정지 및 서행에 대한 설명으로 틀린 것은?**

① 신호등이 없고 교통이 복잡한 교차로에서는 일시 정지 해야 한다.
② 비탈길 고갯마루 부근에서는 서행해야 한다.
③ 도로가 구부러진 곳에서는 서행해야 한다.
④ 신호등이 없는 철길 건널목을 통과할 때에는 서행으로 통과해야 한다.

해설 신호등이 없는 철길 건널목을 통과할 때에는 일시 정지하여 안전여부를 확인 후 통과해야 한다.

31 **도로교통법상에서 모든 차의 운전자가 서행해야 하는 장소에 포함되지 않는 곳은?**

① 도로가 구부러진 부근
② 가파른 비탈길의 내리막
③ 비탈길의 고개마루 부근
④ 편도 2차로 이상의 다리 위

해설 모든 차의 운전자가 서행해야 하는 장소
- 도로가 구부러진 부근
- 가파른 비탈길의 내리막
- 비탈길의 고개 마루 부근
- 교통정리를 하고 있지 않는 교차로
- 지방경찰청장이 정한 곳

[정답] 25. ② 26. ② 27. ① 28. ② 29. ③ 30. ④ 31. ④

32 **폭우로 가시거리가 100m 이내인 경우 또는 노면이 얼어붙은 경우 최고 속도의 얼마를 줄인 속도로 운행해야 하는가?**

① 20/100　② 30/100
③ 40/100　④ 50/100

해설
- 최고 속도의 50/100을 줄인 속도로 운행해야 하는 경우
  - 폭우로 가시거리가 100m 이내인 경우
  - 노면이 얼어붙은 경우
  - 폭설 · 안개 등으로 가시거리가 100m 이내인 경우
  - 눈이 20mm 이상으로 쌓인 경우
- 최고 속도의 20/100을 줄인 속도로 운행해야 하는 경우
  - 노면이 젖은 경우
  - 이 20mm 미만으로 쌓인 경우

33 **도로교통법에 위반되는 경우는?**

① 노면이 얼어붙은 경우 최고 속도의 50/100을 줄인 속도로 운행하였다.
② 눈이 20mm 이상으로 쌓인 경우 최고 속도의 20/100을 줄인 속도로 운행하였다.
③ 눈이 20mm 미만으로 쌓인 경우 최고 속도의 20/100을 줄인 속도로 운행하였다.
④ 안개로 인해 가시거리가 100m 이내인 경우 최고 속도의 50/100을 줄인 속도로 운행하였다.

해설 눈이 20mm 이상 쌓인 경우 최고 속도의 50/100을 줄인 속도로 운행해야 한다.

34 **도로교통법상에서 정의된 긴급자동차가 아닌 것은?**

① 위독환자의 수혈을 위한 혈액 운송 차
② 학생운송 전용버스
③ 응급 전신 · 전화 수리공사에 사용되는 차
④ 긴급한 경찰업무수행에 사용되는 차

해설 도로교통법상에서 정의된 긴급자동차
- 위독환자의 수혈을 위한 혈액 운송 차
- 응급 전신 · 전화 수리공사에 사용되는 차
- 긴급한 경찰업무수행에 사용되는 차
- 국군이나 연합군 긴급차에 유도되고 있는 차

※ **긴급자동차** : 소방 · 구급 · 혈액공급 자동차 및 그 밖에 대통령령이 정하는 자동차로서 그 본래의 긴급한 용도로 사용되고 있는 자동차

35 **교통안전표지의 종류와 형태에서 다음 그림이 나타내는 표시는?**

① 최저 속도 제한　② 차 중량 제한
③ 진입금지　④ 통행금지

해설 자주 출제되는 교통안전표지

진입금지	최저 속도 제한	최고 속도 제한	차 중량 제한

좌 · 우로 이중 굽은 도로	좌 · 우 회전	회전형 교차로	

[정답] 32. ④ 33. ② 34. ② 35. ③

02 엔진구조

1 실린더 헤드 및 연소실의 구조와 기능

(1) 실린더 헤드

① 실린더 헤드 개스킷 : 엔진에서 실린더 헤드와 실린더 블록 사이에 끼워져 연소실 압축가스의 누출을 방지하는 부품

② 실린더 헤드 면 연삭 시 압축비 변화
상승한다.

③ 실린더 헤드 변형도 측정기구 : 간극 게이지, 곧은자

(2) 실린더 블록

① 실린더 간극 : 실린더와 피스톤(피스톤 스커트) 사이의 간극

② 실린더 간극 측정 시 측정부위 : 실린더와 피스톤 스커트

③ 실린더 마멸량

㉠ 축의 직각방향이 축 방향보다 실린더 마멸량이 더 크다.

㉡ 텔레스코핑 게이지를 사용하여 실린더 내경을 측정할 수도 있다.

㉢ 실린더 최대마멸부위는 실린더 상단부이다.

㉣ 마이크로미터 사용 전, 반드시 영점 조정을 한다.

④ 엔진 압축 압력 : 압축행정 시 피스톤이 실린더 상단에 있을 때 혼합가스의 압력

㉠ 압축 압력 정상 : 규정압력의 70%~110% 이내(해체 · 정비 시기)

㉡ 압축 압력 낮음 : 규정압력의 70% 미만

㉢ 압축 압력 높음 : 규정압력의 110% 초과

⑤ 피스톤 간극 과다 시 발생 현상

㉠ 피스톤 슬랩

㉡ 블로바이 가스 과다

㉢ 엔진 출력 저하

㉣ 압축 압력 저하

(3) 실린더 라이너

① 습식 라이너 : 냉각수가 실린더 라이너의 바깥 둘레에 직접 접촉하고 정비 시 라이너 교환이 쉬우며 냉각효과가 좋다.

② 건식 라이너 : 냉각수가 지나가는 워터재킷이 실린더 블록에 포함되며 실린더 라이너와 접촉하지 않는다.

(4) 디젤엔진 연소실

① 직접분사식

장 점	단 점
• 구조가 간단하다. • 연소실 표면적이 작아 냉각 손실이 적다. • 열효율과 평균유효 압력이 높다. • 연료 소비율이 낮다. • 냉시동이 양호하다.	• 연료 분사 압력이 높다. • 디젤 노크가 잘 발생한다. • 엔진 회전수가 낮다. • 노즐을 사용해서 잘 막힌다.

② 예연소실식

장 점	단 점
• 피스톤 헤드 구조가 간단하다. • 디젤 노크가 작아 정숙하다. • 연료 분사 압력이 낮다. • 비교적 저급 연료를 사용할 수 있다. • 핀틀 노즐을 사용해서 막히지 않는다.	• 냉시동 시 예열 플러그가 필요하다. • 연소실 표면적이 커서 냉각 손실이 크다. • 분기공에서 스로틀링 손실이 발생한다. • 열효율이 낮다. • 연료 소비율이 높다.

③ 와류실식

장 점	단 점
• 고속 운전이 가능하다. • 연료소비율이 예연소실보다 낮다. • 분기공이 커서 스로틀링 손실이 적다. • 핀틀 노즐을 사용해서 막히지 않는다.	• 냉시동 시 예열 플러그가 필요하다. • 연소실 표면적이 커서 냉각 손실이 크다. • 예연소실보다 디젤 노크가 많이 발생한다. • 제작하기 어렵다.

(5) 예열플러그

① 실드형 예열플러그의 특징
  ㉠ 저항기가 필요 없다.
  ㉡ 병렬로 연결되어 있다.
  ㉢ 발열부가 얇은 열선으로 되어 있다.

② 코일형 예열플러그의 특징
  ㉠ 별도로 저항기가 필요하다.
  ㉡ 히트 코일이 연소실에 노출되어 있다.
  ㉢ 직렬로 연결되어 있다.

2 흡 · 배기밸브의 구조와 기능

(1) 밸브의 구조

① 밸브 마진 두께가 규정 값 이하가 되면 밸브를 교환한다.

② 밸브 면은 밸브 시트에 접촉되어 기밀을 유지하고 밸브 헤드에 누적되는 열을 시트에 전달한다.

③ 밸브 헤드에 누적되는 열은 대부분 밸브 면을 거쳐 밸브 시트를 통해 방출된다.

④ 일반적인 엔진에서 밸브 헤드는 흡기밸브가 배기밸브보다 크다.

(2) 밸브장치의 구비 조건

① 충격에 대한 저항력이 클 것

② 고온가스로부터 내부식성을 갖출 것

③ 내마모성을 갖출 것

④ 열전도율이 높을 것

(3) 밸브시트의 침하 시 발생 현상

① 압축 압력이 누설된다.

② 밸브와 로커암의 간극이 작아지게 된다.

③ 밸브가 완전히 닫히지 않는다.

④ 밸브 스프링 장력이 작아진다.

(4) 밸브기구에서 캠 마모 시 발생 현상

① 밸브스프링 장력이 약해진다.

② 압축 압력이 누설된다.

③ 밸브간극이 커진다.

(5) 밸브스프링 점검 항목

① **자유고** : 자유고의 낮아짐 변화량은 3% 이내일 것

② **직각도** : 직각도는 자유높이 100mm당 3mm 이내일 것

③ **스프링 장력** : 스프링 장력의 감소는 표준값의 15% 이내일 것

④ **접촉면 상태** : 2/3 이상 수평일 것

※ 밸브 간극 차이에 따른 현상

밸브 간극이 클 때	밸브 간극이 작을 때
• 정상온도에서 밸브가 완전히 개방되지 않는다. • 소음이 발생한다. • 출력이 저하되며 스템 엔드부의 찌그러짐이 발생한다.	• 정상온도에서 확실하게 닫히지 않는다. • 역화 및 후화 등 이상연소가 발생한다. • 출력이 저하된다.

3 피스톤 및 피스톤 링, 커넥팅 로드, 크랭크축 및 캠축의 구조와 기능

(1) 피스톤 및 피스톤 링

① 피스톤 : 실린더 내를 왕복 운동하여 동력 행정시 크랭크축을 회전운동시키며 흡입, 압축, 배기 행정에서는 크랭크축으로부터 동력을 전달받아 작동된다.

㉠ 구비조건
- 고온 고압에 잘 견딜 것
- 열전도가 잘 될 것
- 열팽창율이 적을 것
- 관성력을 방지하기 위해 무게가 가벼울 것
- 가스 및 오일 누출이 없어야 할 것

㉡ 실리더와 피스톤 간극이 클 때
- 압축 압력이 저하된다.
- 피스톤링의 기능 저하로 오일이 연소실에 유입되어 오일 소비가 많아진다.
- 기관출력이 저하된다.

㉢ 실린더와 피스톤 간극이 작을 때
- 마찰열에 의해 소결된다.
- 마찰에 따라 마멸이 증대한다.

② 피스톤의 구조

㉠ 랜드 : 엔진의 피스톤에서 피스톤 링이 끼워지는 홈과 홈 사이의 명칭

㉡ 리브 : 리브를 통해 피스톤 헤드의 열이 피스톤 링과 스커트부에 전달

㉢ 히트 댐 : 피스톤 헤드부 열이 스커트부로 전달되는 것을 방지하는 홈

③ 스플릿 피스톤

㉠ 스플릿 피스톤 : 피스톤 헤드부의 열이 스커트부로 전달되는 것을 방지하기 위해 랜드부와 스커트부 사이에 가는 홈을 둔 피스톤

㉡ 슬릿(Slit) : 헤드에서 스커트부로 전달되는 열을 차단하는 역할

㉢ 인바 스트럿 피스톤의 주성분 : 니켈(Ni) + 망간(Mn) + 탄소(C)

④ 피스톤 핀

㉠ 전부동식

㉡ 반부동식(요동식)

㉢ 고정식

> 액슬축의 고정방식 : 전부동식, 반부동식, 3/4부동식

⑤ 피스톤 링 : 피스톤 링은 압축가스가 새는 것을 막아주고, 엔진오일을 실린더 벽에서 긁어내린다.

㉠ 사이드 스러스트(Side Thrust) : 측압으로서 피스톤의 상승 · 하강 행정 때 피스톤이 실린더벽과 접하여 발생하는 압력

> 측압 : 압축행정 시 피스톤이 실린더에 벽에 접촉하여 발생하는 압력

㉡ 압축 또는 연소 시 가스 누설 방지를 위해 피스톤 사이드 스러스트 방향을 피하면서 3개의 절개부 방향이 일치하지 않도록 Y자처럼 120~180°로 조립한다.

㉢ 피스톤 링의 특징
- 적당한 탄성을 갖추기 위해 그 일부를 절개하여 개방시킨 구조로 되어 있다.
- 형상에 따라 편심형, 동심형으로 분류한다.

• 내마멸성이 크고 열팽창이 적은 특수주철이 많이 사용되고 있다.
• 링 이음부 종류에는 랩 이음, 버트 이음, 각 이음, 실 이음 등이 있다.

㉣ 피스톤 링의 구비조건
• 내열성 및 내마멸성이 양호해야 한다.
• 제작이 용이해야 한다.
• 실린더에 일정한 면압을 줄 수 있어야 한다.
• 실린더 벽보다 약한 재질이어야 한다.

⑥ 피스톤이 고착되는 원인
㉠ 냉각수의 양이 부족할 때
㉡ 오일이 부족할 때
㉢ 과열되었을 때
㉣ 피스톤과 벽의 간극이 적을 때

(2) 커넥팅로드

① 행정(길이) : 피스톤 측압에 영향을 미치는 인자 중 가장 직접적인 관계가 있다.
② 피스톤 측압 : 피스톤의 상승 · 하강 행정 때 피스톤이 실린더 벽과 접하여 발생하는 압력

(3) 크랭크축 및 캠축

㉠ 크랭크 축 : 실린더 블록에 지지되어 캠축을 구동시켜 주며, 피스톤의 직선운동을 회전운동으로 변환시킨다.
㉡ 캠축 : 기어나 체인, 또는 벨트를 사용하여 크랭크축에 의해 구동된다.

① 크랭크축 베어링의 특징
㉠ 베어링의 두께는 반원부 중앙의 두께로 표시하고 베어링 양끝부분이 약간 얇다.
㉡ 베어링 러그 : 축 방향 또는 회전방향으로 움직이는 것을 방지하기 위해 둔다.
㉢ 베어링 크러시 : 베어링의 외경과 하우징 둘레와의 차이. 온도 변화에 의해 베어링이 저널에 따라 움직이는 것을 방지하기 위해 둔다.
㉣ 베어링 스프레드 : 베어링을 조립할 때 크러시가 압축되면서 안쪽으로 찌그러지는 것을 방지하기 위해 베어링을 끼우지 않았을 때 베어링 바깥쪽 지름과 베어링 하우징 안지름에 차이를 둔다.

② 크랭크축의 오버랩 : 메인저널과 크랭크 암이 겹치는 부분

③ 디젤엔진의 회전운동 장치
㉠ 크랭크축
㉡ 캠축
㉢ 로터리식 오일펌프

④ 크랭크축 또는 캠축의 휨을 측정할 수 있는 측정기구 : 다이얼 게이지

4 윤활 및 냉각장치 구조와 기능

(1) 윤활장치

① 윤활유의 작용
• 마찰감소, 마멸방지, 냉각, 세척, 밀봉, 방청, 충격완화, 소음방지, 응력 분산

② 윤활유의 구비조건(가장 중요한 성질은 점도이다)
㉠ 인화점, 발화점이 높아야 한다.
㉡ 응고점이 낮아야 한다.
㉢ 온도에 의하여 점도가 변하지 않아야 한다.
㉣ 열전도가 양호해야 한다.
㉤ 산화에 대한 저항이 커야 한다.
㉥ 카본 생성이 적어야 한다.

ⓢ 강인한 유막을 형성해야 한다.

ⓞ 비중이 적당해야 한다.

③ 엔진오일의 규격

㉠ DG(Diesel General) : 경부하용

㉡ DM(Diesel Moderate) : 중부하용

㉢ DS(Diesel Severe) : 고온 및 고부하용

④ 엔진오일의 여과 방식

㉠ 샨트식 : 복합식을 말하며, 오일의 일부를 여과시킨 후 공급하고 일부는 오일팬으로 보낸다.

㉡ 전류식 : 오일 전량을 여과시킨 후 공급하는 방식으로, 소형 승용차 엔진에 가장 많이 사용한다.

㉢ 분류식 : 오일을 엔진 각 윤활부에 직접 공급하며 바이 패스되는 오일은 여과시킨 후 오일팬으로 보낸다.(여과되지 않은 오일이 엔진 각 윤활부로 공급되는 구조이므로 엔진 내부의 베어링이 손상될 확률이 가장 크다)

⑤ 오일펌프의 종류 : 4행정기관은 주로 기어식을 사용하며 2행정기관은 플런저식을 사용한다.

㉠ 베인펌프

㉡ 로터리펌프

㉢ 기어펌프

㉣ 플런저펌프

⑥ 엔진오일의 색깔 및 원인

㉠ 우유색 : 냉각수가 유입된 경우

㉡ 흑색 : 오랫동안 오일을 교환하지 않았을 경우

㉢ 회색 : 연소가스 생성물이 유입된 경우

㉣ 적색 : 휘발유가 유입된 경우

⑦ 윤활유 과다 소모 시 점검 요소

㉠ 밸브 가이드 고무

㉡ 크랭크축 오일실

㉢ 피스톤 링

⑧ 엔진오일 경고등이 켜지는 경우

㉠ 오일이 부족할 때

㉡ 오일 필터가 막혔을 때

㉢ 윤활계통이 막혔을 때

㉣ 오일 드레인 플러그가 열렸을 때

⑨ 오일 통로의 막힘 여부 검사 방법 : 압축공기를 불어넣는다.

⑩ 윤활회로 내 릴리프 밸브 설치 목적

㉠ 유압이 규정값 이상으로 상승하는 것을 방지하기 위해

㉡ 오일 압력의 과도한 상승을 방지하기 위해

(2) 냉각장치

기관이 가열되면 기관의 변형이나 소손을 가져온다. 냉각장치는 기관에서 발생하는 열의 일부를 냉각하여 기관 과열을 방지하고 적당한 온도로 유지한다.

① 방식

㉠ 공랭식 : 실린더 벽의 바깥 둘레에 냉각팬을 설치하여 공기의 접촉 면적을 크게 하여 냉각시킨다.

- 자연통풍식, 강제통풍식

㉡ 수냉식 : 냉각수를 사용하여 엔진을 냉각시키는 방식으로 냉각수로는 정수나 연수를 사용한다.

- 자연 순환식, 강제 순환식, 압력 순환식, 밀봉 압력식

② 엔진 과열 원인

㉠ 써모스탯이 닫힌 채로 고장난 경우

㉡ 워터펌프의 작동이 불량한 경우

㉢ 냉각수의 양이 적은 경우

㉣ 워터재킷에 이물질이 많이 쌓인 경우

③ 부동액

㉠ 부동액의 성분 : 글리세린, 메탄올, 에탄올글리콜

㉡ 부동액의 구비 조건

- 냉각장치 호스와 실(Seal) 재료에 적절해야 한다.
- 휘발성이 없고 순환이 잘 되어야 한다.
- 냉각장치에 녹 등이 발생하는 것을 방지해야 한다.
- 적당한 열전달을 해야 한다.

④ 라디에이터 : 실린더 헤드 및 블록에서 뜨거워진 냉각수가 라디에이터로 들어와 수관을 통하여 흐르는 동안 자동차의 주행속도와 냉각팬에 의해 유입되는 대기와의 열교환이 냉각핀에서 이루어져 냉각된다.

㉠ 라디에이터의 세척제 : 탄산나트륨

㉡ 압력식 캡 : 냉각수의 비등점을 올리기 위한 라디에이터 캡 방식

비등점 : 액체의 증기압이 외부 압력과 같아지는 온도

㉢ 라디에이터 캡의 이상원인

- 라디에이터 캡의 스프링이 파손되면 냉각수의 비등점이 낮아진다.
- 캡을 열어보았을 때 기름이 떠 있거나 기름기가 생겼으면 헤드 개스킷의 파손 또는 헤드 볼트가 풀렸거나 이완된 상태이다.
- 기관이 작동 중 라디에이터 캡 쪽으로 물이 상승하면서 연소가스가 누출될 때도 실린더 헤드의 균열이나 개스킷의 파손이다.
- 캡을 열어 보았을 때 냉각수에 오일이 섞여 있는 경우는 수냉식 오일쿨러가 파손되었을 때이다.

⑤ 기타

㉠ 수온조절기(서모스탯, Thermostat)

㉡ 워터펌프 : 라디에이터의 하부 탱크에 냉각된 물을 워터재킷에 보내려고 강제적으로 순환시키는 것으로, 기어 펌프와 원심 펌프가 있다.

㉢ 냉각 팬 : 라디에이터가 냉각수를 식히는 것을 돕기 위해서 방열판으로 공기를 끌어들이는 장치

5 흡기 및 배기장치의 구조와 기능

(1) 흡기장치

① 공기여과기의 특징

㉠ 흡기 소음을 저하시킨다.

㉡ 흡입공기 내 먼지 등 이물질을 여과시킨다.

㉢ 건식 공기여과기의 경우 에어를 안쪽에서 바깥쪽 방향으로 불면서 청소한다.

㉣ 엔진에서 역화가 발생했을 때 불길이 확산되는 것을 방지한다.

② 흡기장치 효율

㉠ 체적효율(η_v)

- 흡기행정 중 실린더에 흡입된 공기질량과 행정체적에 상당하는 대기질량과의 비를 말한다.

- 엔진 운전 당시 대기상태의 압력과 온도를 기준으로 한다.
- 동일 용적기관의 흡입능력을 비교할 수 있다.

$$\eta_v = \frac{\text{1사이클 중 실린더 내에 흡입된 공기 질량}}{\text{이론 흡기 질량}}$$

㉡ 충진효율(η_c)

- 행정 체적에 해당하는 만큼의 표준 대기상태의 건조 공기질량과 운전 중 1사이클 당 실제 실린더에 흡입된 공기질량 간의 비를 말한다.
- 표준대기상태(20℃, 760mmHg 대기압, 상대습도 65%, 밀도 1.188kg/m^3)를 기준으로 한다.
- 서로 다른 엔진의 흡입능력을 비교할 수 있다.

$$\eta_c = \frac{\text{1사이클 중 실린더 내에 흡입된 공기 질량}}{\text{표준 대기상태에서의 이론 흡기 질량}}$$

③ 소기작용 : 2행정 디젤엔진에서 소기펌프에 의해 대기압 이상으로 압력이 상승한 새로운 공기를 실린더 내에 밀어 넣는 작용

(2) 배기장치 및 배출가스

① 과급기의 특징

㉠ 터보차저는 배기가스가 터빈을 회전시킨다.

㉡ 과급기는 엔진 윤활장치에서 보내 준 오일로 윤활한다.

㉢ 과급기 설치 시 엔진 중량이 증가한다.

㉣ 체적효율이 향상되므로 엔진의 토크 및 평균유효압력이 상승한다.

② 과급기의 구동

㉠ 터보차저 : 배기가스 압력으로 구동된다.

㉡ 슈퍼차저 : 크랭크축 동력으로 구동된다.

③ 슈퍼차저(Super Charger)의 종류

㉠ 원심식

㉡ 루츠식

㉢ 스크롤식

㉣ 콤플렉스식

㉤ 리스홀름식

④ 인터쿨러 : 흡입효율을 향상시키기 위해 과급기를 거쳐 유입되는 흡입공기의 온도를 낮추어 밀도를 상승시키는 장치

⑤ 엔진 배압(Back Pressure) : 배기행정 시 피스톤의 상승운동을 방해하는 압력

⑥ 매연 과다 발생원인 : 연료 분사량이 과다한 경우

⑦ 질소산화물(NOx) : 연소실 내의 상태가 고온 및 고압일 때 질소와 공기의 산화로 발생한다. 또한, 폐의 기능을 불량하게 하고 눈에 자극을 주며 광화학 스모그의 주범인 가스

⑧ 연소상태에 따른 배출가스의 색

㉠ 무색 또는 담청색 : 정상 연소

㉡ 회백색 : 윤활유 연소 시(피스톤 링과 실린더 벽의 마모, 피스톤과 실린더의 간극 등을 점검)

㉢ 검은색 : 농후한 혼합비(공기 청정기, 분사시기, 분사펌프 등을 점검)

㉣ 볏짚색 : 희박한 혼합비

6 디젤연소 및 연료장치의 구조와 기능

(1) 디젤 연소

① 디젤 노크 : 착화 지연 기간 중 분사된 다량의 연료가 화염 전파 기간 중 일시적으로 이상 연소가 되어 급격한 압력 상승이나 부조 현상이 되는 상태를 말한다.

㉠ 발생원인
- 엔진 온도가 낮고 연료분사 상태가 불량하다.
- 압축공기의 누설이 과하다.
- 착화지연기간이 길다.
- 분사 시기가 빠르다.

㉡ 방지 대책
- 파일럿 분사를 실시한다.
- 다단분사 한다.
- 착화지연이 짧은 연료를 사용한다.
- 분사개시할 때는 분사량을 감소시킨다.

② 착화지연기간 줄이는 방법

㉠ 착화성이 우수한 연료를 사용한다.
㉡ 압축 온도를 상승시킨다.
㉢ 압축 압력을 상승시킨다.
㉣ 압축비를 증가시킨다.

(2) 연료장치

① 경유 연료의 입자 크기

㉠ 배압이 높으면 연료 입자는 작아진다.
㉡ 공기의 유동은 연료 입자를 작게 한다.
㉢ 노즐의 지름이 작으면 연료 입자는 작아진다.
㉣ 공기의 온도가 높으면 연료 입자는 작아진다.

② 연료분사장치의 기능

㉠ 시동 시 분사량을 제한한다.
㉡ 분사 시기를 제어한다.
㉢ 전부하 시 분사량을 제한한다.
㉣ 최고 속도를 제한한다.

③ 전자제어 디젤엔진 연료분사장치의 기능

㉠ 시동 시 분사량을 제한한다.
㉡ 전부하 시 분사량을 제한한다.
㉢ 최고 속도를 제한한다.
㉣ 분사 시기를 제어한다.

④ 연료 분사량의 제어인자

㉠ 기본 연료 분사량 제어
㉡ 공회전 시 분사량 제어
㉢ 시동 시 연료 분사량 제어
㉣ 전부하 시 분사량 제어

⑤ 연료 공급펌프 정비 후 시험 항목

㉠ 송출압력 시험
㉡ 누설 시험

⑥ 분사펌프 : 기관에서 연료를 압축하여 분사순서에 맞추어 노즐로 압송시키는 장치로 조속기와 분사시기를 조절하는 장치(타이머)가 설치되어 있다.

㉠ 조속기 : 연료 분사량 제어
- 분사량 제어
  - 오른쪽 리드에서 플런저를 반시계방향으로 돌리면 연료량이 감소한다.
  - 오른쪽 리드에서 플런저를 시계방향으로 돌리면 연료량이 증가한다.
  - 분사노즐 압력을 확인 후 연료분사펌프에 적절한 파이프를 연결한다.

- 제어 랙이 고정된 상태에서 연료 분사량을 조절한다.
- 연료 분사량의 불균율은 전 부하 시 ±3% 이내이다.

㉡ 타이머 : 연료 분사 시기 제어

- 분사 시기 제어
  - 캠축간의 위상을 바꾸어 회전 속도가 높아지면 분사 시기를 빠르게 하고 회전 속도가 낮아지면 분사 시기를 느리게 한다.
  - 구동 방식에 따라 내장형과 외장형으로 구분된다.
  - 엔진의 회전 속도 및 부하에 따라 분사 시기를 변화시킨다.
  - 회전 방향에 따라 우회전용과 좌회전용이 있으며 둘 다 기능은 같다.
- 분사 시기가 빠를 때 발생 현상
  - 엔진 출력이 감소한다.
  - 배기가스의 색깔이 흑색이 된다.
  - 디젤 노크가 발생한다.
  - 착화지연기간이 짧아진다.

㉢ 독립식 분사펌프 연료공급 순서 : 연료탱크 → 연료 공급펌프 → 연료 필터 → 연료 분사펌프 → 분사노즐

㉣ 독립식 분사펌프의 에어빼기 작업 : 분사펌프 입구 파이프 피팅을 약간 이완시킨 후 플라이밍 펌프를 작동하여 기포가 나오지 않을 때까지 펌프질한 후 다시 피팅을 조인다.

※ **기계식 디젤엔진 에어빼기 순서** : 연료 공급펌프 → 연료필터 → 연료 분사펌프

㉤ 전자제어 분사펌프의 장점

- 기계식 분사펌프에 비해 가속 시 스모크가 감소한다.
- 각 운전점에서 엔진의 토크 및 출력이 향상된다.
- 분사펌프 설치 시, 설치공간이 절약된다.
- 다수의 영향 변수를 고려할 수 있다.

⑦ 프라이밍 펌프의 기능

㉠ 수동으로 조작할 수 있는 펌프이다.

㉡ 연료장치 내 에어빼기 작업을 할 때 사용한다.

㉢ 엔진 정지 상태일 때 조작하여 연료를 분사펌프까지 공급할 수 있다.

㉣ 엔진 정지 시 연료라인 내 에어빼기 등을 위해 수동으로 작동시킨다.

⑧ 분사노즐의 점검 항목 : 분사노즐은 실린더 헤드에 설치되어 있고, 분사펌프의 고압 연료를 실린더 내에 분사한다.

㉠ 분사압력

㉡ 관통력

㉢ 분사각도

⑨ 커먼레일(common rail) 연료분사장치

커먼레일은 연료를 고압으로 연소실에 분사하기 위해 고압 연료펌프로부터 이송된 연료가 축압되고 저장되는 고압의 축압기이다. 압력형성기능(고압펌프)과 분사기능(인젝터)이 각각 독립적으로 움직여 분사시기 및 분사지속기간에 대한 분사압력의 변화폭을 크게 만든 분사장치이다.

⑩ 전자제어

㉠ 각종 센서의 역할

- 산소센서 : 냉각 시 산소센서에 의한 피드백(Feed Back)은 개회로 상태로 작동한다.
- 냉각수온센서 : 엔진의 냉각수 온도를 감지한다.
  - 부특성(NTC) 서미스터 : 온도가 상승하면 저항값 감소
  - 정특성(PTC) 서미스터 : 온도가 상승하면 저항값 증가
- 크랭크위치센서 : 크랭크 축의 회전 위치를 감지한다.
- 에어플로우센서 : 흡입공기량에 비례하여 신호를 보낸다.

※ 기본 분사량 결정
– 에어플로우 센서(AFS) : 흡입공기량 계측
– 크랭크각 센서(CAS) : 엔진 회전수 계측

㉡ 엔진제어유닛(ECU) : 엔진 자기진단 및 엔진 회전수 등을 제어하는 장치

출제 예상 문제

01 **오토엔진 대비 디젤엔진의 장점이 아닌 것은?**

① 연료소비율이 낮다.
② 가속성이 좋고 운전이 정숙하다.
③ 열효율이 높다.
④ 비교적 화재 위험이 적다.

해설
- 오토엔진의 장점은 가속성이 좋고 운전이 정숙하다는 것이다.
- 오토엔진≒가솔린 엔진

02 **가솔린엔진 대비 디젤엔진의 장점이 아닌 것은?**

① 흡입행정 시 펌핑 손실을 줄일 수 있다.
② 열효율이 높다.
③ 마력당 중량이 크다.
④ 일산화탄소(CO) 배출량이 적다.

해설 디젤엔진의 단점은 마력당 중량이 큰 것이다.

03 **4기통 엔진 대비 6기통 엔진의 장점이 아닌 것은?**

① 가속이 원활하고 신속하다.
② 저속회전이 용이하고 출력이 높다.
③ 구조가 복잡하여 제작비가 비싸다.
④ 엔진 진동이 적다.

해설
① 6기통 엔진의 장점
- 가속이 원활하고 신속하다.
- 저속회전이 용이하고 출력이 높다.
- 엔진 진동이 적다.

② 6기통 엔진의 단점
- 구조가 복잡하여 제작비가 비싸다.

04 **디젤엔진에서 디젤노크의 발생 원인으로 옳은 것은?**

① 착화지연기간이 짧을 때
② 흡입공기 온도가 높을 때
③ 연소실에 누적된 다량의 연료가 일시에 연소될 때
④ 연료에 공기가 유입되었을 때

해설 디젤노크의 발생원인
- 착화지연기간이 길 때
- 흡입공기 온도가 낮을 때

※ 연료에 공기가 유입되었을 때 : 엔진 부조 및 진동의 원인

05 **디젤엔진의 실린더 압축 압력 측정방법으로 틀린 것은?**

① 배터리의 충전상태를 점검한다.
② 엔진을 정상온도로 웜업 시킨다.
③ 분사노즐은 모두 제거한다.
④ 습식시험을 먼저하고 건식시험을 나중에 한다.

해설 건식시험에서 측정한 압축 압력이 규정압력의 70% 미만이면 습식시험을 한다.

06 **피스톤의 측압을 받지 않는 스커트 부를 떼어내어 경량화 하여 고속엔진에 많이 사용하는 피스톤은?**

① 풀 스커트 피스톤
② 솔리드 피스톤
③ 슬리퍼 피스톤
④ 스피릿 스커트 피스톤

[정답] 01. ② 02. ③ 03. ③ 04. ③ 05. ④ 06. ③

해설

- **풀 스커트 피스톤** : 피스톤 핀 아랫부분이 길고 그 둘레가 균일하게 생긴 피스톤
- **솔리드 피스톤** : 스커트부에 홈이 없고 통형으로 된 피스톤
- **스피릿 스커트 피스톤** : 스커트부에 단열용 가로 슬릿이나 탄력용 세로 슬릿이 나 있는 피스톤

※ 슬리퍼 피스톤은 무게를 증가시키지 않고 스러스트 접촉 면적을 크게 하여 피스톤 슬랩을 감소시킬 수 있는 장점이 있으나 스커트 부를 떼어낸 부분에 오일이 고이게 되어 이 오일을 긁어낼 때 손실이 발생하는 단점도 있다.

07 피스톤 링의 작용이 아닌 것은?

① 오일제어 작용
② 열전도 작용
③ 기밀 작용
④ 완전연소 억제 작용

08 엔진 예열장치에서 코일형 예열플러그 대비 실드형 예열플러그에 대한 설명으로 틀린 것은?

① 예열플러그 하나가 단선되어도 나머지는 작동된다.
② 기계적 강도 및 가스에 의한 부식에 약하다.
③ 각각의 예열플러그는 서로 병렬 연결되어 있다.
④ 열용량이 크고 발열량이 크다.

해설 코일형 예열플러그는 기계적 강도 및 가스에 의한 부식에 약하다.

09 디젤엔진에서 흡입행정 시 흡입되는 것은?

① 혼합기　② 엔진오일
③ 공기　④ 연료

해설 디젤엔진은 압축착화기관으로서 공기만 흡입한 후 압축행정을 거치면서 압축열로 인해 온도가 높아진 공기에 연료를 분사하여 착화시킨다.

10 디젤엔진의 압축행정 시, 흡·배기밸브의 상태는?

① 흡기밸브만 열려있다.
② 흡·배기밸브가 모두 닫혀 있다.
③ 배기밸브만 열려있다.
④ 흡기·배기밸브가 모두 열려있다.

해설

- **흡기밸브만 열려있다** : 흡입행정
- **배기밸브만 열려있다** : 배기행정
- **흡기·배기밸브가 모두 열려있다** : 밸브 오버랩(Overlap)

11 디젤엔진에서 감압장치의 기능은?

① 흡기밸브 또는 배기밸브를 열어 엔진을 가볍게 회전시키는 장치이다.
② 캠축을 원활히 회전시키는 장치이다.
③ 타이밍 기어를 원활하게 회전시키는 장치이다.
④ 크랭크축을 느리게 회전시키는 장치이다.

해설 **엔진 감압장치** : 엔진 시동 시 또는 겨울철 오일 점도가 높을 시 흡기밸브 또는 배기밸브를 강제로 열어 실린더 압축 압력을 감소시켜 시동을 용이하게 하는 장치

12 혼합비가 희박할 때 엔진에 미치는 영향은?

① 연소속도가 빨라짐
② 엔진출력 저하
③ 시동성이 좋아짐
④ 저속 및 공회전

해설 일반적으로 희박하면 엔진출력 저하, 농후하면 배출가스 증가로 해서 문제가 많이 나온다.

[정답] 07. ④　08. ②　09. ③　10. ②　11. ①　12. ②

13 엔진에서 실화(miss fire)가 발생했을 때 나타나는 현상으로 맞는 것은?

① 엔진이 과랭한다.
② 엔진 회전수가 불안정해진다.
③ 엔진 출력이 상승한다.
④ 연료소비량이 적어진다.

해설 실화(miss fire)가 발생했을 때 나타나는 현상
- 연소온도 및 배기가스 온도가 낮아진다.
- 엔진 회전수가 불안정해진다.
- 엔진 출력이 감소한다.
- 엔진 소비량이 많아진다.

14 디젤엔진의 진동이 심해지는 원인으로 틀린 것은?

① 실린더 수가 많을수록
② 피스톤 및 커넥팅로드의 중량 차이가 클수록
③ 실린더 마모로 인해 각 기통별 실린더 안지름의 차이가 클수록
④ 연료 분사량 및 분사압력의 불균형이 클수록

15 디젤엔진에서 엔진 부조가 발생하는 원인이 아닌 것은?

① 연료 공급 불량
② 거버너 작동 불량
③ 발전기 고장
④ 분사 시기 조정 불량

16 분사노즐의 종류가 아닌 것은?

① 스로틀형 ② 핀틀형
③ 싱글포인트형 ④ 홀형

해설 분사노즐의 종류 : 스로틀형, 핀틀형, 홀형

17 디젤엔진에서 분사노즐의 요구 조건이 아닌 것은?

① 연료를 미세한 안개 모양으로 분사하여 쉽게 착화하게 할 것
② 고온 · 고압에서 장기간 사용할 수 있을 것
③ 분무를 연소실의 구석구석까지 뿌려지게 할 것
④ 연료의 분사 끝에서 후적이 발생할 것

해설 분사노즐은 연료의 분사 끝에서 후적이 발생하지 않아야 한다.
※ 연료분사 및 분사노즐의 3대 조건 : 무화, 분산, 관통

18 다음 중 디젤엔진의 연료라인 순서가 바르게 나열된 것은?

① 연료탱크 → 연료공급펌프 → 분사펌프 → 연료필터 → 분사노즐
② 연료탱크 → 연료공급펌프 → 연료필터 → 분사펌프 → 분사노즐
③ 연료탱크 → 연료필터 → 분사펌프 → 연료공급펌프 → 분사노즐
④ 연료탱크 → 분사펌프 → 연료필터 → 연료공급펌프 → 분사노즐

19 엔진 냉각장치에서 라디에이터의 구비 조건이 아닌 것은?

① 공기의 흐름 저항이 클 것
② 가볍고 작으며 강도가 클 것
③ 냉각수의 흐름 저항이 작을 것
④ 단위 면적당 방열량이 클 것

해설 엔진 냉각장치에서 라디에이터는 공기의 흐름 저항이 작아야 한다.

[정답] 13. ② 14. ① 15. ③ 16. ③ 17. ④ 18. ② 19. ①

20 엔진 냉각장치에서 밀봉 압력식 라디에이터 캡을 사용하는 목적은?

① 압력밸브가 고장 났을 때
② 엔진 온도를 높일 때
③ 냉각수의 비등점을 높일 때
④ 엔진 온도를 낮출 때

21 엔진 냉각팬에 대한 설명으로 틀린 것은?

① 전동팬은 냉각수의 온도에 따라 작동된다.
② 유체 커플링식은 냉각수 온도에 따라 작동한다.
③ 워터펌프는 전동팬의 작동과 관계없이 항상 회전한다.
④ 전동팬이 작동되지 않을 때 워터펌프도 회전하지 않는다.

22 부동액의 구비 조건이 아닌 것은?

① 비등점이 물보다 낮을 것
② 물과 쉽게 혼합될 것
③ 침전물이 발생하지 않을 것
④ 부식성이 없을 것

해설 부동액의 비등점은 물보다 높아야 한다.

23 디젤엔진에서 팬벨트의 장력이 과다할 때 발생하는 현상으로 가장 적절한 것은?

① 엔진이 과랭된다.
② 엔진이 과열된다.
③ 배터리 충전부족 현상이 발생한다.
④ 발전기 베어링이 손상될 우려가 있다.

해설
- **엔진 과랭** : 엔진 서모스탯이 열린 상태로 고장난 경우 발생하는 현상
- **엔진 과열** : 팬벨트의 장력이 과소할 때 발생하는 현상
- **배터리 충전부족** : 팬벨트의 장력이 과소할 때 발생하는 현상

24 디젤엔진에서 팬벨트 장력이 약할 때 발생하는 현상으로 옳은 것은?

① 워터펌프 베어링이 조기에 마모된다.
② 발전기 출력이 저하될 수 있다.
③ 엔진이 부조한다.
④ 엔진이 과랭된다.

25 4행정 기관의 윤활방식 중 피스톤 핀과 피스톤까지 윤활유를 압송하여 윤활 하는 방식은?

① 전 비산식　　② 전 진공식
③ 비산 압송식　　④ 전 압송식

해설
- **전 비산식** : 크랭크축의 디퍼로 오일을 실린더 벽으로 뿌려서 윤활 하는 방식
- **비산 압송식** : 비산 압력식과 같은 말이며, 압송식과 비산식을 조합한 방식으로서 자동차용 엔진에서 가장 많이 사용
  ※ **엔진오일의 공급방식** : 비산식, 압송식, 비산압송식

26 엔진오일의 점도가 너무 높은 것을 사용했을 때 발생하는 현상은?

① 엔진 시동 시 필요 이상의 동력이 소모된다.
② 점차 묽어지므로 경제적이다.
③ 좁은 틈새에 잘 침투하므로 충분한 주유가 된다.
④ 겨울철에 사용하기 좋다.

[정답] 20. ③ 21. ④ 22. ① 23. ④ 24. ② 25. ④ 26. ①

27 **엔진오일의 양을 점검할 때 게이지에 표시된 하한선(Low)과 상한선(Full)과 관련된 설명으로 옳은 것은?**

① Low선보다 아래에 있으면 좋다.
② Full선보다 위에 있으면 좋다.
③ Low선과 Full선 사이에서 Low선에 가까이 있으면 좋다.
④ Low선과 Full선 사이에서 Full선에 가까이 있으면 좋다.

28 **엔진오일 소비량이 많아지는 원인은?**

① 배기밸브 간극이 너무 작다.
② 오일압력이 너무 낮다.
③ 피스톤과 실린더 간의 간극이 너무 크다.
④ 오일펌프 기어 과대 마모

해설 **피스톤 간극** : 피스톤과 실린더 간의 간극

29 **건설기계 정비 시 엔진 시동을 건 후 정상적인 운전이 가능한지 확인하기 위해 운전자가 가장 먼저 점검해야 할 것은?**

① 냉각수 온도 게이지
② 속도계
③ 엔진오일량
④ 오일 압력 게이지

30 **디젤엔진에서 사용되는 에어클리너에 대한 설명으로 틀린 것은?**

① 에어클리너가 막히면 연소가 나빠진다.
② 에어클리너가 막히면 엔진 출력이 감소한다.
③ 에어클리너가 막히면 배기가스 색은 흑색이 된다.
④ 에어클리너는 실린더 마멸과 관계없다.

해설 에어클리너의 필터링이 불량하여 흡입공기 중의 이물질이 연소실로 유입되면 실린더 마멸이 발생할 수 있다.

31 **건식 에어클리너의 장점이 아닌 것은?**

① 작은 입자의 먼지나 오물을 여과할 수 있다.
② 구조가 간단하고 여과망을 세척하여 사용할 수 있다.
③ 엔진 회전수가 변동되어도 안정된 공기청정효율을 얻을 수 있다.
④ 분해 · 조립 및 설치가 간편하다.

해설 습식 에어클리너는 구조가 간단하고 여과망을 세척하여 사용할 수 있는 장점이 있다.

32 **디젤엔진에서 터보차저의 기능은?**

① 엔진 회전수를 제어하는 장치
② 흡입공기를 압축하여 실린더 내로 공급하는 장치
③ 냉각수 유량을 제어하는 장치
④ 엔진오일 온도를 제어하는 장치

33 **과급기(터보차저)에 대한 설명으로 옳은 것은?**

① 실린더 내의 흡입 공기량을 증가시킨다.
② 연료소비율을 증가시킨다.
③ 가솔린 엔진에만 설치된다.
④ 피스톤의 흡입력에 의해 임펠러가 회전한다.

해설
- 연료소비율을 감소시킨다.
- 가솔린, 디젤엔진에 설치된다.
- 배기가스 온도 및 압력에 의해 터빈이 회전한다.

[정답] 27. ④ 28. ③ 29. ④ 30. ④ 31. ② 32. ② 33. ①

34 **엔진에서 과급기의 장착 목적에 대한 설명으로 가장 적절한 것은?**

① 배기가스의 정화
② 냉각효율의 증대
③ 윤활성의 증대
④ 엔진 출력의 증대

해설 **과급기(터보차저)의 장착 목적** : 체적효율을 향상시켜 엔진 출력 및 토크를 증가시킨다.

35 **연소할 때 발생하는 질소산화물(NOx)의 생성 원인으로 가장 적절한 것은?**

① 높은 연소 온도
② 가속 불량
③ 흡입 공기 부족
④ 소염 경계층

해설 질소산화물(NOx)은 연소온도가 높고 공기·연료 혼합비가 희박할수록 많이 발생한다.

36 **커먼레일 디젤엔진의 공기유량센서(Air Flow Sensor, AFS)로 가장 많이 쓰이는 방식은?**

① 열막 방식 ② 베인 방식
③ 칼만와류 방식 ④ 맵센서 방식

해설 **열막식 공기유량센서** : 흡입공기의 질량유량을 직접 계측하는 방식

37 **커먼레일 디젤엔진의 연료계통에서 출력요소에 해당하는 것은?**

① 브레이크 스위치
② 인젝터
③ 공기유량센서
④ 엔진 ECU

해설 **엔진 ECU(Electronic Control Unit)** : 엔진 컴퓨터로서 각종 센서 및 스위치로부터 입력신호를 받아서 어떤 제어값을 결정하여 각종 액추에이터 및 경고등으로 출력신호를 보내어 제어하는 역할을 한다.

[정답] 34. ④ 35. ① 36. ① 37. ②

03 전기장치

1 전기 · 전자기초

(1) 옴의 법칙

$$I=\frac{E}{R},\quad E=I\times R,\quad R=\frac{E}{I}$$

여기서, I : 전류(A), E = 전압(V),
R = 저항(Ω)

(2) 키르히호프의 법칙

① 1법칙(전류법칙) : 들어온 전류의 총합과 나가는 전류의 총합은 같다.

② 2법칙(전압법칙) : 폐회로에서 기전력의 총합과 저항에 의한 전압 강하의 총합은 같다.

(3) 줄의 법칙

$$H=0.24I^2Rt$$

여기서, H = 열량(J), 0.24 : 상수(1J=0.24cal),
I = 전류(A), R = 저항(Ω), t : 시간(sec)

(4) 쿨롱의 법칙

① 자극의 강도

㉠ 거리의 제곱에 반비례한다.

㉡ 자석의 양끝을 자극이라 한다.

㉢ 두 자극 세기의 곱에 비례한다.

㉣ 자극의 세기는 자기량의 크기에 따라 다르다.

$$f=\frac{m_1\times m_2}{4\pi\times\mu_0\times\mu_s\times r^2}$$

여기서, f : 자극의 강도,
m_1, m_2 : 자극의 세기,
μ_o : 자기량(진공투자율),
μ_s : 자기량(비투자율),
r : 자극간의 거리

② 콘덴서(축전기) : 모터 또는 릴레이 작동 시 라디오에 유기되는 고주파 잡음을 저감하는 부품

㉠ 콘덴서의 정전용량(Capacitance)

- 금속판 사이 절연물의 절연도에 정비례한다.
- 금속판 사이의 거리에 반비례한다.
- 가해지는 전압에 정비례한다.
- 반대편 금속판의 면적에 정비례한다.

㉡ 콘덴서의 정전용량 관계식

$$Qc=C\cdot v=\epsilon\frac{A}{d}$$

여기서, Q_c : 전하량(C),
C : 콘덴서 용량(F),
v : 인가전압(V)
ϵ : 평행판 사이 유전율(F/m),
A : 평행판 면적(m^2),
d : 평행한 사이 거리(m)

(5) 전력

$$P=EI,\quad P=I^2R,\quad P=\frac{E^2}{R}$$

여기서, P : 전력(W), I : 전류(A),
E : 전압(V), R : 저항(Ω)

(6) 전류의 작용

발열작용, 화학작용, 자기작용

(7) 회로연결

① 직렬연결의 특징

㉠ 각 회로의 전류가 동일하므로 전압은 다르다.

㉡ 전류는 1개일 때와 같으며 전압은 다르다.
㉢ 각 회로에 동일한 전류가 가해지므로 입력 전류는 일정하다.
㉣ 합성저항은 각 저항의 합과 같다.

② 병렬연결의 특징
㉠ 각 회로의 전압이 동일하므로 전류는 다르다.
㉡ 전압은 1개일 때와 같으며 전류는 다르다.
㉢ 각 회로에 동일한 전압이 가해지므로 입력 전압은 일정하다.
㉣ 합성저항의 역수는 각 저항의 역수의 합과 같다.

2 반도체의 구조와 기능

(1) 반도체

① 반도체의 주요 물질과 장·단점
㉠ 주요 물질 : 게르마늄(Ge), 실리콘(Si) 등
㉡ 장·단점

장점	• 매우 작고 가볍다. • 내부 전력 손실이 매우 적다. • 예열 시간이 필요 없다. • 응답성이 좋다.
단점	• 온도가 상승하면 성능이 매우 나빠진다. – 게르마늄(Ge)은 85℃ 이상, 실리콘(Si)은 150℃ 이상일 때 파손 우려가 크다. • 역방향으로 전압을 가했을 때 허용한계가 매우 낮다. • 정격값을 초과하면 파괴되기 쉽다.

② 진성 반도체
㉠ 게르마늄(Ge), 실리콘(Si)과 같이 원자가 4가로 공유 결합하고 있는 반도체이다.
㉡ 순도 : 99.99..9% 이상(Nine Eleven)

③ 불순물 반도체 : 진성 반도체에 불순물을 첨가한 반도체이다.
㉠ P형 반도체 : (+)성질이며, 불순물의 원자가는 3가이다. [알루미늄(Al), 인듐(In) 등]
※ 3가의 불순물 : 알루미늄(Al), 인듐(In), 붕소(B)
㉡ N형 반도체 : (−)성질이며, 불순물의 원자가는 5가이다. [비소(As), 안티몬(Sb), 인(P) 등]
※ 5가의 불순물 : 인(P), 비소(As), 안티몬(Sb), 인(P)

(2) 서미스터

① 정특성(PTC) 서미스터 : 온도가 상승하면 저항값이 증가한다.
② 부특성(NTC) 서미스터 : 온도가 상승하면 저항값이 감소한다.
③ 냉각 수온 센서(WTS), 흡기 온도 센서(ATS) 등으로 사용한다.

3 배터리의 구조와 기능

(1) 배터리 : 화학적 에너지를 전기적 에너지로 변환하는 기구이다.

(2) 배터리의 기능

① 시동회로의 전기적 부하를 부담한다.

② 주행상태에 따른 발전기의 출력 및 부하의 균형을 조정한다.

③ 주행 중에 발전기가 고장 났을 때 일정기간 전원 역할을 한다.

(3) 배터리의 특징

① 온도와 압력이 일정할 때 배터리 비중, 용량, 단자 전압은 비례한다.

② 배터리 용량 = 전류 × 시간

$Ah = A \times h$

여기서, Ah : 배터리 용량 단위,

A : 연속 방전 전류 단위,

h : 방전 종지 전압까지 연속 방전 시간 단위

> **Tip**
>
> ※ 방전 종지 전압
>
> ㉠ 배터리를 방전해서는 안 되는 전압의 기준이며, 각 셀당 1.7~1.8V이다.(평균 1.75V)
>
> ㉡ 방전 종지 전압 이하로 방전을 하면 극판이 손상되어 배터리의 기능을 상실한다.

③ 배터리 용량을 결정하는 요소

㉠ 극판의 크기(또는 면적, 넓이, 두께)

㉡ 극판의 수

㉢ 전해액의 양

(4) 배터리의 구조

① 총 6개의 셀로 구성된다.

② 각 셀은 약 2.1V이다.

③ 음극판이 양극판보다 1장 더 많다.

④ 배터리 단자 식별방법

㉠ 양극은 (+), 음극은 (−) 부호를 사용한다.

㉡ 양극은 POS, 음극은 NEG로 표기한다.

㉢ 양극은 적색, 음극은 흑색이다.

㉣ 양극 기둥이 음극 기둥보다 지름이 더 굵다.

㉤ 양극이 음극보다 부식물이 더 많다.

㉥ 배터리를 분리할 때는 (−)단자를 먼저 분리하고, 설치할 때는 (−)단자를 나중에 결합한다.

(5) 배터리의 격리판

① 역할 : 양극판과 음극판 사이에 끼워 양쪽 극판의 단락을 방지한다.

② 구비 조건

㉠ 다공성이고 비전도성일 것

㉡ 전해액이 잘 확산될 것

㉢ 기계적 강도가 있고 전해액에 의해 부식되지 않을 것

(6) 전해액

① 순도가 높은 묽은 황산(H_2SO_4)을 사용한다.

② 제조방법

㉠ 물에 황산을 부어서 혼합한다.(물 65%, 황산 35%)

㉡ 완전 충전 시 비중 : 1.260~1.280/20℃

$S20 = St + 0.0007 \times (t-20)$

여기서,

$S20$: 표준온도 20℃로 환산한 비중,

St : 현재온도(t)에서 측정한 비중,

t : 현재온도(℃)

(7) 설페이션 현상 : 극판의 영구 황산납, 배터리의 방전상태가 일정 한도 이상 장시간 지속되어 극판이 결정화되는 현상

(8) 배터리의 화학작용

(+)극판	전해액	(-)극판		(+)극판	전해액	(-)극판
$PbSO_4$	$2H_2O$	$PbSO_4$	충전 ⇄ 방전	PbO_2	$2H_2SO_4$	Pb
(황산납)	(물)	(황산납)		(과산화납)	(묽은 황산)	(해면상납)

(9) 배터리의 충전

① 정전압 충전 : 일정한 전압으로 충전한다.

② 정전류 충전 : 일정한 전류로 충전하며 표준 전류 충전 시 배터리 용량의 약 10%이다.

③ 단별 전류 충전 : 정전류 충전의 일종이며 단계적으로 전류를 감소시킨다.

④ 급속 충전 : 충전 전류는 배터리 용량의 약 50%이다.

(10) 취급시 주의사항

① 사용하지 않아도 2주에 1회 정도 보충전 한다.

② 단락하여 불꽃이 발생하지 않게 한다.

③ 보관할 때는 가급적 충전시켜서 하는 것이 좋다.

④ 전해액이 자연 감소된 경우 증류수를 보충하면 된다.

⑤ 과충전, 과방전은 피하는 것이 좋다.

4 시동 및 충전장치의 구조와 기능

(1) 시동장치 : 내연기관은 1회의 폭발을 얻어야 기관을 기동시킬 수 있으므로 외력의 힘에 의해 크랭크축을 회전시켜 기동시킨다.

① 기본 원리 : 플레밍의 왼손법칙

② 구성

㉠ 토크를 엔진으로 전달하는 부분

㉡ 피니언 기어를 링기어에 치합하는 부분

㉢ 토크 발생 부분

③ 종류 및 특징

㉠ 직권식 전동기

- 전기자 코일과 계자 코일을 직렬로 연결한다.
- 시동전동기로 가장 많이 사용한다.
- 전류가 일정할 때 분권식이나 복권식보다 토크를 크게 할 수 있다.

㉡ 분권식 전동기

- 전기자 코일과 계자 코일을 병렬로 연결한다.
- 회전력이 작고 속도가 일정하여 냉각팬에 사용된다.

㉢ 복권식 전동기

- 전기자 코일과 계자 코일을 직·병렬로 연결한다.
- 윈드 실드 와이퍼 모터에 사용한다.

④ 시동전동기의 동력전달기구

㉠ 플라이 휠 링 기어와 시동전동기 피니언의 감속비 : 약 10~15 : 1

㉡ 피니언 접속방식

- 벤딕스식 : 관성력 이용, 오버러닝 클러치를 사용하지 않는다.
- 피니언 섭동식 : 수동식, 전자식 2종류가 있다.
- 전기자 섭동식

ⓒ 오버러닝 클러치의 역할 : 플라이휠의 회전력이 전동기에 전달되지 않도록 한다.

ⓓ 오버러닝 클러치의 종류 : 다판 클러치 방식, 롤러 방식, 스프래그 방식

(2) 충전장치

① 전자유도작용의 기본 원리

ⓐ 페러데이의 법칙 : 도선에 유도되는 기전력은 그 속상을 통과하는 자기력선의 수가 변할 때나 도선이 자기력선을 끊고 지나갈 때 나타난다.

ⓑ 렌츠의 법칙 : 유도 기전력은 코일 내의 자속 변화를 방해하는 방향으로 생긴다.

② 교류발전기(알터네이터, Alternator)

ⓐ 기본 원리 : 플레밍의 오른손법칙

※ **교류발전기(알터네이터), 직류발전기(제네레이터)의 기본 원리** : 플레밍의 오른손법칙

ⓑ 특징

- 소형에 경량화할 수 있다.
- 브러시 수명이 길다.
- 저속에서도 충전이 우수하다.
- 실리콘 다이오드가 정류작용(컷아웃 릴레이)을 한다.
- 로터의 회전수가 증가함에 따라 스테이터 코일에서 발생하는 교류 주파수가 높아지므로 전류 상승을 제한하기 때문에 전류조정기가 필요 없다.

ⓒ 스테이터의 결선방법에 따른 전압 및 전류

- Y결선의 선간전압은 상전압의 $\sqrt{3}$ 배이다.
- Y결선의 선간전류는 상전류와 같다.
- △결선의 선간전압은 상전압과 같다.
- △결선의 선간전류는 상전류의 $\sqrt{3}$ 배이다.

ⓓ 구성

- 스테이터 : 교류발전기에서 전류를 만드는 부분
- 로터 : 교류발전기에서 자속을 만드는 부분
- 제너 다이오드
- 정류 다이오드
- 슬립링

※ **컷 아웃 릴레이** : 직류발전기(Generator)의 구성부품

5 냉방장치 및 등화장치의 구조와 기능

(1) 냉방장치

① 에어컨 냉매가스 순환 과정 : 압축기 → 응축기 → 건조기 → 팽창 밸브 → 증발기

※ **냉매 순환과정** : 콤프레서 → 콘덴서 → 리시버 드라이어 → 익스팬션 밸브 → 이베퍼레이터

② 에어컨 시스템 주요 구성품의 특징

ⓐ 압축기(콤프레서) : 증발기에서 받은 기체 냉매를 고온 · 고압의 기체로 변환한다.

ⓑ 응축기(콘덴서) : 냉각팬 및 차량 외부 공기를 이용해 고온 · 고압의 기체 냉매를 냉각 · 응축 하여 고온 · 고압의 액체 냉매로 변환한다.

ⓒ 건조기(리시버 드라이어) : 액체 냉매를 팽창 밸브로 보낸다.

ⓓ 팽창 밸브(익스팬션 밸브) : 고온 · 고압의 액체 냉매를 급격히 팽창시켜 저온 · 저압의 기체 냉매로 변환한다.

ⓔ 증발기(이베퍼레이터) : 주위로부터 열을 흡수하여 기체 냉매로 변환한다.

③ 에어컨 냉매

㉠ 구냉매 : R-22a

㉡ 신냉매 : R-134a

※ 신냉매(R-134a)는 염소(Cl)가 없다.

(2) 등화장치

① 조명 용어

㉠ 광도

- 광원의 밝기
- 단위 : 칸델라(cd)

※ 1cd : 광원에서 1m 떨어진 $1m^2$의 면에 1lm의 광속이 통과하였을 때의 빛의 세기

㉡ 광속

- 어떤 면을 통과하는 빛의 양
- 단위 : 루멘(lm)

㉢ 조도

- 어떤 면이 받는 빛의 세기를 말한다.
- 단위 : 룩스(Lx)
- 빛을 받는 면의 조도는 광원의 광도에 비례한다.
- 광원의 거리의 제곱에 반비례한다.

$$조도(Lx) = \frac{광속(lm)}{거리의제곱(m^2)} \approx \frac{광도(cd)}{거릿의제곱(m^2)}$$

※ 룩스(Lx)는 루멘(lm)에서, 루멘(lm)은 칸델라(cd)에서 유도된 단위이다.

② 전조등

㉠ 형식

- 실드빔식 : 필라멘트가 끊어지면 전조등 전체를 교환해야 한다.
  - 반사경과 필라멘트가 일체로 되어있고 내부는 진공상태로 되어 있다. 대기 조건에 따라 반사경이 흐려지지 않아 사용환경에 따른 광도의 변화가 적다.
- 세미 실드빔식 : 필라멘트가 끊어지면 전구만 교환할 수 있다.
  - 렌즈와 반사경은 일체이고 전구만 따로 교환할 수 있다. 반사경에 습기, 먼지 등이 들어반사효율을 떨어뜨릴 수 있다.
- 2개의 전조등은 서로 병렬로 연결되어 있어 한쪽의 필라멘트가 단선되어도 나머지 한쪽은 계속 작동된다.
- 광도 규정값 : 2등식 15,000cd 이상, 4등식 12,000cd 이상

  ※ 2등식은 전구 하나에 상향, 하향 필라멘트가 모두 있는 방식
  4등식은 상향, 하향의 필라멘트가 각각 별도의 렌즈로 되어 있는 방식
- 전조등 시험기 : 스크린식(3m 거리에서 측정), 집광식(1m 거리에서 측정)

③ 제동등

㉠ 광도 40cd 이상 420cd 이하

㉡ 다른 등화와 겸용할 경우 광도는 3배 이상 증가해야 한다.

④ 전기배선

㉠ 배선 규격 표기

예 "1.35RG"

- 1.35 : 전선의 단면적(mm^3)
- R : 바탕색
- G : 줄색

㉡ 배선 색깔 표기

기 호	색 깔
B	검정색(Black)
Br	갈색(Brown)
Gr	회색(Gray)
G	초록색(Green)
L	파랑색(Blue)
Y	노랑색(Yellow)
W	흰색(White)
R	R 빨강색(Red)

출제 예상 문제

01 이동하지 않고 물질에 정지하고 있는 전기를 무엇이라고 하는가?

① 정전기 ② 동전기
③ 교류전기 ④ 직류전기

02 다음 중 퓨즈에 대한 설명으로 틀린 것은?

① 퓨즈는 정격용량을 사용한다.
② 퓨즈가 끊어졌을 때 철사를 대용하여도 된다.
③ 퓨즈 용량은 암페어(A)로 표시한다.
④ 퓨즈의 표면이 산화되면 끊어지기 쉽다.

해설 퓨즈가 끊어졌을 때에는 규정용량의 신품 퓨즈로 교환한다.

03 다음 회로에서 퓨즈에는 몇 A가 흐르는가?

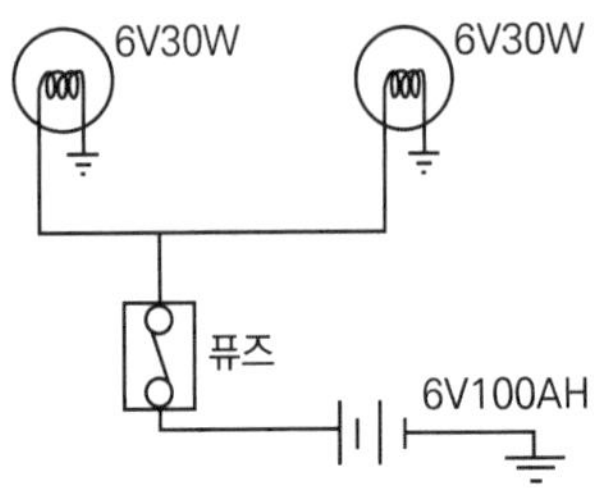

① 5A ② 10A
③ 50A ④ 100A

해설 30W + 30 W = 60W
60W = 6V × xA
x = 10

04 배터리 용량을 나타내는 단위는?

① Ω ② V
③ Ah ④ A

해설 $Ah = A \times h$
Ah : 배터리 용량 단위,
A : 연속방전 전류 단위,
h : 방전 종지 전압까지 연속방전 시간 단위

05 배터리에 대한 설명으로 옳은 것은?

① 전해액이 감소한 경우 증류수를 보충하면 된다.
② 배터리 보관 시 되도록 방전시키는 것이 좋다.
③ 배터리 방전에 지속되면 전압은 낮아지고 전해액 비중은 높아진다.
④ 배터리 용량을 크게 하려면 별도의 배터리를 직렬로 연결한다.

해설
- 배터리 방전에 지속되면 전압은 낮아지고 전해액 비중은 낮아진다.
- 배터리 용량을 크게 하려면 별도의 배터리를 병렬로 연결한다.
  ※ 온도와 압력이 일정할 때 배터리 비중, 용량, 단자전압은 비례관계이다.

06 배터리의 자기방전 원인이 아닌 것은?

① 음극판의 작용물질이 황산과 화학 반응하여 황산납이 되므로
② 전해액 양이 많아짐에 따라 용량이 커지므로
③ 전해액에 포함된 불순물이 국부전지를 형성하므로
④ 탈락한 극판 작용물질이 배터리 내부에 퇴적되므로

해설 배터리 용량은 극판 수, 넓이, 두께, 전해액 양에 비례하므로 보기 ②의 내용은 맞으나 이것이 배터리 자기방전의 원인은 아니다.

[정답] 01. ① 02. ② 03. ② 04. ③ 05. ① 06. ②

07 12V 80A 배터리 2개를 병렬로 연결하면 전압과 전류는 어떻게 되는가?

① 12V 80A　② 12V 160A
③ 24V 160A　④ 24V 80A

해설
- **배터리의 병렬연결** : 전압 동일, 용량 증가
- **배터리의 직렬연결** : 용량 동일, 전압 증가
- 증가는 배터리 개수에 비례한다. 동일한 배터리 2개를 직렬연결하면 용량은 동일, 전압은 2배 증가한다.

08 20℃에서 전해액 충전 시 비중과 충전상태를 나열한 것으로 틀린 것은?

① 1.150~1.170, 25%
② 1.190~1.210, 50%
③ 1.220~1.260, 75%
④ 1.260~1.280, 100%

해설
1.220~1.260, 80%
※ 충전상태가 75% 이하이면 보충전을 실시한다.

09 납산배터리의 특징에 대한 설명으로 틀린 것은?

① 시동 시 시동전동기에 전원을 공급한다.
② 양극판은 해면상납, 음극판은 과산화납을 사용하며 전해액은 묽은 황산을 이용한다.
③ 발전기가 고장 시 일시적인 전원을 공급한다.
④ 발전기의 출력 및 부하의 불균형을 조정한다.

해설
양극판은 과산화납, 음극판은 해면상납을 사용하며 전해액은 묽은 황산을 이용한다.

10 납산 배터리의 용량은 어떻게 결정되는가?

① 극판의 수, 발전기의 충전 능력에 따라 결정된다.
② 극판의 수, 셀의 수, 발전기의 충전 능력에 따라 결정된다.
③ 극판의 수, 극판의 크기, 황산의 양에 따라 결정된다.
④ 극판의 수, 극판의 크기, 셀의 수에 따라 결정된다.

11 배터리의 용량만 증가시키는 방법은?

① 직렬연결　② 직 · 병렬연결
③ 병렬연결　④ 논리회로연결

해설
- **배터리의 병렬연결** : 전압 동일, 용량 증가
- **배터리의 직렬연결** : 용량 동일, 전압 증가
- 배터리를 직렬연결하면 용량은 동일하고 전압은 증가한다. 또한, 병렬연결하면 전압은 동일하고 용량은 증가한다. 이때 '증가'라는 것은 배터리 개수에 비례한다. 예를 들어, 동일한 배터리 3개를 병렬연결하면 전압은 동일하고 용량은 3배 증가한다.

12 배터리 케이스와 커버 세척에 가장 적절한 것은?

① 물, 소다　② 물, 가솔린
③ 물, 소금　④ 물, 솔벤트

13 MF배터리가 아닌 일반 납산배터리를 관리할 경우 정기적으로 얼마마다 충전하는 것이 좋은가?

① 약 15일　② 약 30일
③ 약 45일　④ 약 60일

해설
배터리의 자기 방전으로 인해 최소 15일에 한 번씩 배터리를 차량에 장착하여 시동을 걸어 충전하거나 외부 충전기를 이용하여 충전해야 한다.

[정답] 07. ②　08. ③　09. ②　10. ③　11. ③　12. ①　13. ①

14 **배터리 급속충전 시 유의 사항에 대한 설명 중 틀린 것은?**

① 충전시간은 가능한 짧게 한다.
② 충전전류는 배터리 용량과 같게 한다.
③ 충전 중 가스가 많이 발생하면 충전을 중지한다.
④ 충전 중 전해액의 온도가 45℃가 넘지 않도록 한다.

해설 충전전류는 배터리 용량의 50%로 한다.

15 **배터리 취급 시 유의 사항에 대한 설명으로 옳은 것은?**

① 배터리의 방전이 지속될수록 전압과 전해액 비중 모두 낮아진다.
② 배터리를 보관 시 가능한 한 방전시키는 것이 좋다.
③ 배터리 2개를 직렬연결할 경우 (+)와 (+)끼리, (−)와 (−)끼리 연결한다.
④ 배터리 용량을 크게 하기 위해서는 다른 배터리와 서로 직렬연결한다.

해설
- 배터리를 보관 시 방전시키지 않는 것이 좋다.
- 배터리 2개를 병렬연결할 경우 (+)와 (+)끼리, (−)와 (−)끼리 연결한다.
- 배터리 용량을 크게 하기 위해서는 다른 배터리와 서로 병렬연결한다.

16 **건설기계장비에서 배터리 케이블을 탈거하고자 한다. 다음 중 올바른 것은?**

① (+) 케이블을 먼저 탈거한다.
② 접지되어 있는 케이블을 먼저 탈거한다.
③ 절연되어 있는 케이블을 먼저 탈거한다.
④ 아무 케이블이나 먼저 탈거한다.

해설 배터리 케이블 탈거 시 (−) 케이블을 먼저 탈거한다.

17 **건설기계장비에서 가장 큰 전류가 흐르는 부품은?**

① 발전기 로터　② 시동전동기
③ 다이오드　④ 배전기

18 **시동전동기의 토크가 발생하는 부분은 무엇인가?**

① 스위치　② 계자코일
③ 조속기　④ 발전기

해설 계자코일과 전기자 코일에서 형성되는 전자력에 의해 시동전동기의 토크가 발생한다.

19 **시동전동기의 토크가 약하거나 회전이 안 되는 원인이 아닌 것은?**

① 배터리의 전압이 낮다.
② 브러시가 정류자에 잘 밀착되어 있다.
③ 터미널과 배터리 단자의 접촉이 불량하다.
④ 시동스위치의 접촉이 불량하다.

20 **건설기계에서 주로 사용하는 시동전동기의 형식은?**

① 교류 전동기
② 직류 직권 전동기
③ 직류 분권 전동기
④ 직류 복권 전동기

해설
- **직류 직권 전동기** : 계자코일과 전기자코일이 서로 직렬로 연결
- **직류 분권 전동기** : 계자코일과 전기자코일이 서로 병렬로 연결
- **직류 복권 전동기** : 계자코일과 전기자코일이 서로 직·병렬로 연결

[정답] 14. ② 15. ① 16. ② 17. ② 18. ② 19. ② 20. ②

21 엔진 시동을 위해 시동 키를 작동시켰지만, 시동전동기가 회전하지 않는다. 이때 점검해야 할 내용으로 가장 적절하지 못한 것은?

① 배터리 터미널 접촉상태 점검
② 시동회로의 ST회로 연결 상태 점검
③ 인젝션 펌프의 연료차단 솔레노이드 점검
④ 배터리 방전상태 점검

해설 **인젝션 펌프의 연료차단 솔레노이드 점검** : 크랭킹은 되나 엔진 시동이 안 될 경우의 점검할 내용
※ 시동전동기가 작동하지 않았으므로 엔진 시동장치와 관련된 전기회로를 점검해야 한다.

22 엔진 시동회로에서 전력공급선의 전압강하는 몇 V 이하이면 정상인가?

① 0.2V ② 1.0V
③ 9.5V ④ 10.5V

해설 엔진 시동회로에서 전력공급선의 전압강하는 0.2V 이하이면 정상이다.

23 점화스위치를 ST로 했을 때 시동전동기의 솔레노이드 스위치는 작동되나 시동전동기는 작동되지 않은 원인과 관계없는 것은?

① 배터리 방전
② 엔진 크랭크축, 피스톤 고착
③ 점화스위치 불량
④ 시동전동기 브러시 손상

해설 점화스위치가 불량이면 시동전동기의 솔레노이드 스위치도 작동되지 않는다.

24 직류발전기와 비교하여 교류발전기의 특징으로 틀린 것은?

① 크기가 크고 무겁다.
② 전압 조정기만 필요하다.
③ 저속 발전 성능이 좋다.
④ 브러시 수명이 길다.

해설 **직류발전기의 특징(단점)**
발전기 출력이 동일하다고 가정할 때 교류발전기에 비해 직류발전기가 더 크고 무겁다. 따라서, 교류발전기는 발전기 출력에 비해 중량이 가벼운 것이 특징(장점)이다.

25 교류발전기의 특징이 아닌 것은?

① 소형, 경량이며 속도변화에 따른 적용 범위가 넓다.
② 저속에서도 충전이 가능하다.
③ 정류자를 사용한다.
④ 다이오드를 사용하기 때문에 정류 특성이 좋다.

해설 **교류발전기의 구성부품** : 스테이터 코일, 전압 조정기, 슬립링, 다이오드

26 교류발전기의 구성부품이 아닌 것은?

① 스테이터 코일 ② 전류 조정기
③ 슬립링 ④ 다이오드

해설 **교류발전기의 구성 부품** : 스테이터 코일, 슬립링, 다이오드

[정답] 21. ③ 22. ① 23. ③ 24. ① 25. ③ 26. ②

27 교류발전기의 구성부품 중에서 교류를 직류로 변환하는 것은?

① 로터 ② 스테이터
③ 콘덴서 ④ 다이오드

28 에어컨의 구성 부품 중에서 고압의 기체 냉매를 냉각시켜 액화시키는 작용을 하는 부품은?

① 압축기 ② 응축기
③ 팽창밸브 ④ 증발기

해설
- **압축기** : 증발기에서 받은 기체 냉매를 고온 · 고압의 기체로 변환
- **팽창밸브** : 고온 · 고압 액체 냉매를 저온 · 저압 기체 냉매로 변환
- **증발기** : 이베퍼레이터를 말함. 주위로부터 열을 흡수하여 기체 냉매로 변환

Tip

에어컨 냉매가스 순환과정 순서
압축기(콤프레서) → 응축기(콘덴서) → 건조기(리시버드라이어) → 팽창밸브(익스팬션밸브) → 증발기(이베퍼레이터)

29 좌 · 우측 전조등 회로의 연결 방법으로 옳은 것은?

① 직 · 병렬 연결 ② 병렬 연결
③ 단식 배선 ④ 직렬 연결

30 세미 실드빔 형식의 전조등이 장착된 건설기계에서 전조등이 점등되지 않는다. 이때 가장 적절한 조치방법은?

① 전조등을 교환한다.
② 전구를 교환한다.
③ 렌즈를 교환한다.
④ 반사경을 교환한다.

해설
전구가 끊어지거나 고장 시 조치방법
- **실드빔 형식** : 전조등 조립체 전체 교환
- **세미 실드빔 형식** : 전구만 따로 교환

[정답] 27. ④ 28. ② 29. ② 30. ②

04 전 · 후진 주행장치

1 클러치 및 변속기, 유체클러치 및 토크 컨버터의 구조와 기능

- 클러치 : 변속기에 사용되는 것으로, 변속기와 기관 사이에 설치되어 동력을 단속하는 역할을 한다. 클러치에는 마찰클러치와 유체클러치, 토크컨버터가 있다.
- 변속기 : 클러치와 추진축 사이에 설치되어 있으며 기관 회전속도에 대한 구동 바퀴의 회전속도를 알맞게 변경시켜 기관의 회전력을 바퀴로 전달하는 장치이다. 장비를 후진시키는 역전장치도 갖추고 있다.

(1) 클러치 및 변속기

① 클러치 디스크의 스프링 종류

㉠ 토션 스프링(댐퍼 스프링, 비틀림 코일 스프링) : 클러치 접속 시 회전 충격 흡수

㉡ 쿠션 스프링 : 클러치 디스크의 비틀림 편 마모, 변형 방지

② 클러치 디스크의 토션 스프링 파손 시 발생 현상

㉠ 소음이 커짐

㉡ 클러치 작용 시 원활하지 않음

㉢ 클러치 작용 시 회전 충격 흡수가 안 됨

③ 클러치 페달유격을 두는 목적

㉠ 클러치 페이싱의 마멸을 줄이기 위해서

㉡ 클러치 디스크의 슬립을 방지하기 위해서

㉢ 변속 시 기어가 잘 물리게 하기 위해서

※ **클러치 페달의 자유간극 조절방법** : 클러치 링키지의 길이 조절

④ 클러치 압력판 : 클러치 스프링의 장력으로 클러치판을 밀어서 플라이 휠에 압착시키는 역할을 한다. 기관의 플라이휠과 항상 같이 회전한다.

⑤ 변속기의 필요성

㉠ 주행 저항에 따라 기관 회전속도에 대한 구동 바퀴의 회전속도를 알맞게 변경한다.

㉡ 장비의 후진 시 필요

㉢ 기관의 회전력을 증대시킨다.

⑥ 기어변속은 정상이나 동력전달이 불량한 원인 : 클러치 디스크 마모

⑦ 변속 시 기어의 물림 소음이 발생하는 가장 큰 원인 : 클러치 차단 불량

⑧ 기어변속이 불량한 원인

㉠ 클러치가 차단되지 않는 경우

㉡ 변속기 입력축 스플라인 홈이 마모된 경우

㉢ 싱크로나이저 링과 접촉이 불량한 경우

⑨ 변속기 과열 원인

㉠ 오일의 점도가 과다하게 높은 경우

㉡ 오일이 부족한 경우

㉢ 기어의 물림이 불량한 경우

(2) 유체클러치 및 토크 컨버터

① 유체클러치

㉠ 구성 : 터빈 러너, 가이드링, 펌프 임펠러

㉡ 가이드 링 : 유체 클러치 내에서 와류를 감소시켜 유체의 충돌을 방지하는 장치

② 토크컨버터
㉠ 구성 : 터빈 러너, 스테이터, 펌프 임펠러
㉡ 스테이터 : 터빈의 토크를 증가시키는 장치
㉢ 클러치 포인트 : 터빈 회전수가 펌프 회전수에 가까워져서 스테이터가 공전하기 시작하는 점(컨버터 영역에서 커플링 영역으로 교체되는 점)
㉣ 스톨 포인트 : 펌프 회전하고 터빈 정지한 상태로서 속도비 0인 점(토크변환비 최대, 효율 최소)
㉤ 토크컨버터의 출력부족 원인
- 오일 스트레이너가 막힌 경우
- 오일펌프의 흡입측 연결호스가 실 파손된 경우
- 오일량이 부족한 경우

③ 토크컨버터의 장점
㉠ 조작이 용이하고 엔진에 무리가 없다.
㉡ 기계적인 충격을 흡수하여 엔진으 수명을 연장한다.
㉢ 부하에 따라 자동적으로 변속한다.

(3) 클러치의 고장원인과 점검

① 고장원인
㉠ 압력판 스프링 손상
㉡ 클러치 면의 마멸
㉢ 릴리스 레버의 조정 불량

② 클러치가 미끄러지는 원인
㉠ 클러치 페달 자유간극 과소
㉡ 클러치 스프링의 장력이 약해짐
㉢ 클러치판의 오일 부착
㉣ 클러치판이나 압력판의 마멸

2 동력전달장치의 구조와 기능

(1) 추진축 및 등속조인트

① 유니버셜 조인트 : 두 개의 축이 어느 각도를 이루어 교차할 때 자유로이 동력을 전달하기 위한 이음매이며 변화되는 축의 각도에 유연성을 준다.
㉠ 슬립이음이라고도 한다.
㉡ 목적 : 추진축의 길이 변화

② 자재이음
㉠ 목적 : 추진축의 각도 변화
㉡ 종류
- 플렉시블형 : 급유를 하지 않아도 되고 회전이 정숙하나 축의 각도를 10° 이상으로 설치하면 작동이 원활하다.
- 제파형 : 내측 레이스와 외측 레이스로 6개의 스틸 볼을 유지하고, 스틸 볼의 점접촉으로 토크를 전달한다.
- 트러니언형 : 베어링을 축의 양단에 끼우고 축에 직각으로 회전할 수 있게 한 것을 하우징 내에 홈을 만들어 넣은 구조이다. 자재이음의 한 종류로 회전 토크를 전달함과 동시에 축 방향으로 늘어나고 줄어들 수 있다.
- 벤딕스형 : 볼의 수가 작아 전달용량이 작으므로 2개의 중심 지지용 베어링이 필요하다.

③ 추진축의 스플라인부 마모 시 발생 현상 : 주행 중 소음이 발생하고 차체에 진동이 전해진다.

④ 등속조인트

㉠ 기능 : 구동축과 일직선상이 아닌 피동축 사이에 회전각속도의 변화 없이 동력전달을 일정하게 할 수 있는 자재이음의 형식

㉡ 종류

- 버필드 조인트 : 베어링이 없어 구조가 간단하고 전달용량이 큰 장점이 있어 4WD 형식의 차량에 많이 사용한다.
- 벤딕스 조인트 : 볼의 수가 작아 전달용량이 작으므로 2개의 중심 지지용 베어링이 필요하다.
- 제파 조인트 : 내측 레이스와 외측 레이스로 6개의 스틸 볼을 유지하고, 스틸 볼의 점접촉으로 토크를 전달한다.
- 트랙터 조인트 : 십자형 자재이음을 두 개 합친 것과 같은 구조이며 완전한 등속도를 발휘하지 못하고, 비교적 작동 각도가 작으므로 중심 유지용 2조의 베어링이 필요하다.

(2) 종감속장치

① 구동피니언과 링기어의 접촉상태

㉠ 힐 접촉 : 구동피니언이 링기어의 대단부(링기어의 기어 이빨 폭이 넓은 바깥쪽)와 접촉한 상태

㉡ 토우 접촉 : 구동피니언이 링기어의 소단부(링기어의 기어 이빨 사이의 폭이 좁은 안쪽)와 접촉한 상태

㉢ 페이스 접촉 : 백래쉬 과다로 링기어 이빨 끝에 구동피니언이 접촉한 상태

㉣ 플랭크 접촉 : 백래쉬 과소로 링기어 이뿌리(골짜기) 측에 구동피니언이 접촉한 상태

② 구동피니언과 링기어의 수정상태

㉠ 플랭크 접촉, 토우 접촉이 심할 때 : 구동피니언을 바깥쪽으로 이동시키고 링기어를 안쪽으로 이동시킨다.

㉡ 힐 접촉, 페이스 접촉이 심할 때 : 구동피니언을 안쪽으로 이동시키고 링기어를 바깥쪽으로 이동시킨다.

(3) 차축 및 타이어

① 차축의 고정방식

㉠ 전부동식 : 바퀴 또는 허브를 탈거하지 않고 액슬축을 탈거할 수 있는 차축형식

㉡ 반부동식 : 차축이 동력을 전달함과 동시에 차량 무게의 1/2을 지지한다.

㉢ 3/4부동식 : 차축이 동력을 전달함과 동시에 차량 무게의 1/4을 지지한다.

② 타이어

㉠ 튜브리스 타이어의 장점

- 펑크가 났을 때 비교적 수리가 간단하다.
- 고속 주행을 하여도 비교적 발열이 적다.
- 못, 피스 등이 박혀도 공기가 잘 누설되지 않는다.

㉡ 스노우 타이어(Snow Tire)를 사용할 때 주의사항

- 등판주행 시 저속기어를 사용한다.
- 50% 이상 마모 시 체인을 바꿔가며 사용한다.
- 출발 시 서서히 동력을 전달한다.
- 구동바퀴에 걸리는 하중을 크게 한다.

3 조향장치의 구조와 기능

(1) 조향장치 구조

① **조향펌프** : 엔진 동력에 의해 유압을 발생시키는 장치

② **조향 실린더** : 조향펌프에 의한 유압을 조향력으로 변환하는 유압 실린더

③ **스톱볼트** : 조향각을 조정하는 장치(볼 너트 방식)

④ **드래그 링크** : 조향 너클과 피트먼 암과 연결하는 로드

(2) 조향축의 방식

① **메쉬 방식** : 조향축에 충격이 가해지는 순간 조향축과 칼럼 튜브 사이에 있는 플라스틱 핀이 파손되면서 충격을 흡수하는 조향축 방식

② **스틸볼 방식** : 스틸볼이 상부 및 하부 칼럼 튜브의 접촉면에 홈을 형성하면서 전동하여 조향 칼럼튜브의 길이가 짧아질 때의 저항에 의해 충격을 흡수하는 방식

③ **벨로즈 방식** : 조향축에 충격이 가해지는 순간 벨로즈 형상의 튜브가 조향축에 설치되어 있어 조향축의 길이가 짧아질 때 벨로즈가 압축되면서 충격을 흡수하는 방식

(3) 앞바퀴 정렬(Alignment)

① 캠버

㉠ **정(+)의 캠버** : 앞차륜을 앞에서 보았을 때 바퀴 중심선의 윗부분이 약간 벌어져 있는 상태

㉡ **부(−)의 캠버** : 타이어식 건설기계의 앞차륜을 앞에서 보았을 때 바퀴 중심선의 아랫부분이 약간 벌어져 있는 상태

㉢ 조향휠의 조작을 가볍게 한다.

㉣ 앞차축의 휨을 적게 한다.

㉤ 타이어의 이상 마멸을 방지한다.

㉥ 토(Toe)와 관련성이 있다.

② **캐스터** : 앞차륜을 옆에서 보면 킹핀의 중심선이 수직선에 대하여 어느 한쪽으로 기울어져 있는 상태

㉠ 주행시 방향성을 증대시켜준다.

㉡ 조향 핸들의 복원력을 향상시켜준다.

③ 토우

㉠ **토인** : 타이어식 건설기계의 앞차륜을 위에서 보았을 때 바퀴의 앞부분이 뒷부분보다 좁은 상태

㉡ **토아웃** : 앞차륜을 위에서 보았을 때 바퀴의 앞부분이 뒷부분보다 넓은 상태

㉢ 직진성을 좋게 하고 조향을 가볍게 한다.

㉣ 앞바퀴를 주행중에 평행하게 회전시킨다.

㉤ 토인 조정이 잘못되었을 때 타이어가 편마모된다.

㉥ 타이어의 마멸을 방지한다.

㉦ 토인 측정은 반드시 직진 상태에서 측정해야 한다.

④ **킹핀 경사각** : 앞차륜을 앞에서 보면 킹핀의 중심선이 수직선에 대하여 약간 안쪽으로 설치된 상태

㉠ 주행 및 제동시의 충격 감소

㉡ 핸들의 조작력 경감

㉢ 핸들의 복원력 증대

4 제동장치의 구조와 기능

(1) 유압식 브레이크 장치

① 베이퍼 록(Vapor Lock) 현상 : 긴 내리막길과 같은 곳에서 브레이크를 지나치게 사용하면 차륜 부분의 마찰열 때문에 브레이크 오일이 쉽게 끓어 브레이크 회로 내에 공기가 유입된 것처럼 기포가 형성되어 브레이크 작용이 원활하게 되지 않는 현상이다.

〈원인〉

㉠ 비등점이 낮은 브레이크액을 사용했을 때
㉡ 브레이크슈 리턴 스프링 파손에 의한 잔압 저하
㉢ 긴 내리막길에서 과도한 브레이크 사용
㉣ 드럼과 라이닝의 끌림에 의한 가열

② 브레이크 라인 내 에어유입 시 발생 현상
㉠ 스펀지 현상이 나타난다.
㉡ 브레이크 페달유격이 증가한다.

③ 타이어식 기중기 및 굴착기는 평탄하고 건조한 지면에서 약 25% 구배의 제동능력을 갖추어야 한다.

④ 브레이크 장치 분해 · 점검
㉠ 드럼 내 과도한 턱과 균열이 있는지 점검한다.
㉡ 드럼 내 과도한 긁힘과 균열이 있는지 점검한다.
㉢ 드럼 내 편마멸과 손상이 있는지 점검한다.

⑤ 유압식 브레이크의 종류
㉠ 드럼식 : 바퀴와 함께 회전하는 브레이크 드럼 안쪽으로 라이닝을 붙인 브레이크슈를 압착하여 제동력을 얻는다.
㉡ 디스크식 : 바퀴에 디스크가 부착되어 브레이크 패드에 유압을 가하여 디스크와의 마찰을 통해 제동하는 방식이다.
- 안정된 제동력을 얻을 수 있다.
- 건조성, 발영성이 좋아 페이드 현상 발생률이 적다.
- 패드의 마찰 면적이 작으므로 제동배력장치를 필요로 한다.
- 패드의 재질은 강도가 높아야 한다.

(2) 공기식 브레이크 장치

압축공기의 압력을 이용하여 브레이크 슈를 드럼에 압착시켜 제동하는 장치로 건설기계, 대형트럭, 버스나 트레일러 등에 사용된다.

① 특징
㉠ 페달은 공기 유량을 조절하는 밸브만 개폐시키므로 답력이 적게 된다.
㉡ 큰 제동력을 얻을 수 있어 대형이나 고속차량에 적합하다.
㉢ 브레이크 본체의 구조가 간단하다.
㉣ 공기 누설 시에도 압축공기가 계속 발생하므로 위험성이 적다.

② 각종 밸브의 기능
㉠ 언로더 밸브 : 공기식 브레이크 장치에서 공기 압축기의 압력 제어가 불량하다. 이때 점검해야 하는 밸브
㉡ 안전밸브 : 릴리프 밸브를 말하며 공압이 규정값 보다 높아질 때 작동하여 회로를 보호하는 밸브
㉢ 체크밸브 : 공압장치에서 회로 내 잔압을 유지하고 역류를 방지하는 밸브
㉣ 릴레이 밸브 : 공기탱크로부터 브레이크 챔버의 공기 공급을 차단하는 밸브

③ **릴레이 밸브의 특징**

㉠ 앞뒤 측 차륜의 제동 시기를 동일하게 한다.

㉡ 브레이크 페달을 놓았을 경우 브레이크가 신속히 해제되도록 한다.

㉢ 공기탱크와 브레이크 챔버 사이에 설치되어 있다.

㉣ 브레이크 밸브로부터 공급되는 공기압력을 뒤측 브레이크 챔버로 보내는 역할을 한다.

㉤ 오일 압력으로 하이드로백 릴레이 밸브의 진공 밸브를 연다.

출제 예상 문제

01 **플라이휠과 압력판 사이에 설치되어 있으며, 변속기 압력축을 통해 변속기로 동력을 전달하는 것은?**

① 릴리스 포크 ② 릴리스 레버
③ 클러치 디스크 ④ 프로펠러 샤프트

02 **클러치 라이닝의 구비 조건이 아닌 것은?**

① 내식성이 클 것
② 온도에 의한 변화가 적을 것
③ 적당한 마찰계수를 갖출 것
④ 내마멸성 및 내열성이 적을 것

해설 클러치 라이닝은 내마멸성 및 내열성이 커야 한다.

03 **클러치의 미끄러짐이 가장 현저하게 발생하는 시기는?**

① 공전 시 ② 저속 시
③ 고속 시 ④ 가속 시

해설 가속 시 클러치의 미끄러짐이 가장 현저하게 발생한다.

04 **수동식 변속기가 장착된 건설기계에서 클러치 페달에 유격을 두는 이유는?**

① 클러치의 미끄럼을 방지하기 위해
② 제동 성능을 향상시키기 위해
③ 클러치 용량을 증가시키기 위해
④ 엔진 출력을 증가시키기 위해

05 **토크컨버터의 구성부품이 아닌 것은?**

① 터빈 ② 펌프
③ 플라이휠 ④ 스테이터

해설 플라이휠은 엔진의 구성부품이다.

06 **토크 컨버터에서 토크가 최댓값이 되는 점을 무엇이라 하는가?**

① 스톨 포인트 ② 회전력
③ 변속비 ④ 종감속비

해설 **스톨 포인트** : 토크 컨버터에서 토크가 최대값이 되는 점

07 **자동변속기가 과열하는 원인으로 틀린 것은?**

① 자동변속기 오일이 규정량보다 많다.
② 자동변속기 오일쿨러가 막혔다.
③ 메인 압력이 높다.
④ 과부하 운전을 계속하였다.

해설 자동변속기 오일이 규정량보다 적으면 윤활 및 냉각작용이 불량하여 과열할 수 있다.

[정답] 01. ③ 02. ④ 03. ④ 04. ① 05. ③ 06. ① 07. ①

08 **타이어의 뼈대가 되는 부분이며, 튜브의 공기압에 견디면서 일정한 체적을 유지하고 하중이나 충격에 변형되면서 완충작용을 하고 내열성 고무로 밀착시킨 구조로 되어 있는 것은 무엇인가?**

① 카커스(Carcass) ② 트레드(Tread)
③ 브레이커(Breaker) ④ 비드(Bead)

해설
- 트레드(Tread) : 노면과 직접적으로 접촉하는 부분
- 브레이커(Breaker) : 트레드와 카커스의 중간에 위치한 코드 벨트
- 비드(Bead) : 카커스 코드 벨트의 양단이 감기는 철선

09 **타이어의 트레드(Tread)에 대한 설명 중 틀린 것은?**

① 트레드가 마모되면 열의 발산이 불량하게 된다.
② 트레드가 마모되면 지면과의 접촉 면적이 커짐으로써 마찰력이 증대되어 제동 성능이 향상된다.
③ 트레드가 마모되면 구동력과 선회능력이 저하된다.
④ 타이어 공기압이 높으면 트레드의 양단부보다 중앙부의 마모가 크다.

해설
트레드가 마모되면 지면과의 접촉 면적이 다소 커지지만 마찰력이 저하되어 제동 성능이 떨어진다.

10 **타이어에서 트레드 패턴과 관련 없는 것은?**

① 편평율
② 타이어의 배수 효과
③ 제동력
④ 구동력, 견인력

11 **튜브 리스 방식 타이어(Tubeless Type Tire)의 장점이 아닌 것은?**

① 고속 주행해도 발열이 적다.
② 타이어의 수명이 길다.
③ 못이 박혀도 공기가 잘 새지 않는다.
④ 타이어 펑크 수리가 간단하다.

해설
튜브 방식 타이어에 비해 타이어의 수명이 짧다.

12 **조향핸들의 유격이 커지는 원인이 아닌 것은?**

① 조향기어 및 링키지 조정 불량
② 피트먼 암의 헐거움
③ 앞차륜 베어링 과다 마모
④ 타이어 공기압 과다

해설
타이어 공기압은 조향핸들의 조작력과 관련이 있으며, 타이어 공기압이 작아질수록 조향핸들의 조작력이 커진다.

13 **파워스티어링 장치에서 조향핸들이 매우 무거워 조작하기 힘든 상태인 경우 그 원인으로 가장 적절한 것은?**

① 조향핸들 유격이 큼
② 조향펌프에 오일이 부족함
③ 바퀴가 습지에 있음
④ 볼 조인트의 교환시기가 초래함

[정답] 08. ① 09. ② 10. ① 11. ② 12. ④ 13. ②

14 **타이어식 건설기계에서 조향 바퀴의 토인(toe in)을 조정하는 곳은?**

① 타이로드　② 조향핸들
③ 드래그링크　④ 웜 기어

해설
- **토인** : 바퀴를 위에서 아래로 보았을 때 앞쪽이 뒤쪽보다 좁게 되어져 있는 상태
- **토아웃** : 앞바퀴를 위에서 아래로 보았을 때 뒤쪽이 앞쪽보다 좁게 되어져 있는 상태

15 **타어어식 건설기계에서 조향바퀴의 얼라이먼트(Alignment) 종류가 아닌 것은?**

① 캐스터　② 섹터 암
③ 토인　④ 캠버

해설
㉠ 캐스터
- **정(+)의 캐스터** : 자동차를 측면에서 보았을 때 킹핀의 위쪽이 휠 허브를 지나 노면에 수직인 직선의 '뒤'쪽으로 기울어져 있는 상태
- **부(−)의 캐스터** : 자동차를 측면에서 보았을 때, 킹핀의 위쪽이 휠 허브를 지나 노면에 수직인 직선의 '앞'쪽으로 기울어져 있는 상태

㉡ 토우
- **토인** : 앞바퀴를 위에서 아래로 보았을 때 앞쪽이 뒤쪽보다 좁게 되어져 있는 상태
- **토아웃** : 앞바퀴를 위에서 아래로 보았을 때 뒤쪽이 앞쪽보다 좁게 되어져 있는 상태

㉢ 캠버
- **정(+)의 캠버** : 앞바퀴의 '아래'쪽이 '위'쪽 보다 좁은 상태
- **부(−)의 캠버** : 앞바퀴의 '위'쪽이 '아래'쪽 보다 좁은 상태

㉣ **킹핀 경사각** : 앞바퀴를 앞쪽에서 보았을 때 킹핀의 윗부분이 안쪽으로 경사지게 설치되어 있는데, 이때 킹핀 축 중심과 노면에 대한 수직선이 이루는 각도

16 **긴 내리막을 내려갈 때 베이퍼록 현상을 방지하기위한 운전방법은?**

① 클러치를 차단하고 브레이크 페달을 밟고 내려간다.
② 시동을 끄고 브레이크 페달을 밟고 내려간다.
③ 엔진 브레이크를 사용한다.
④ 변속레버를 중립으로 놓고 브레이크 페달을 밟고 내려간다.

해설
베이퍼록(vapor lock) 현상 : 브레이크액에 기포가 발생하여 브레이크 작동이 불량해지는 것을 말한다. 긴 내리막길을 내려갈 때 지나치게 브레이크를 많이 사용하면 바퀴 부분의 마찰열 때문에 브레이크 계통 내의 브레이크액이 기화하여 기포가 형성된다.

[정답] 14. ① 15. ② 16. ③

05 유압장치

1 유압원리 및 작동유

유압장치는 유체의 압력에너지를 이용하여 기계적인 일을 하도록 하는 장치이다.

(1) 유압 원리

① 파스칼의 원리 : 직접적인 유압의 작동 원리

② 캐비테이션 현상

㉠ 공동현상을 말하며, 유압이 진공에 가까워짐으로써 기포가 생기고 이로 인해 국부적인 고압이나 소음이 발생하는 현상

㉡ 유압탱크 내에 설치되어 있는 스트레이너의 일부가 막히거나 과도하게 조밀하면 발생하는 현상

③ 숨 돌리기 현상 : 유압 작동유에 유입된 공기의 압축 팽창 차에 의해 피스톤 동작이 느려지고 불안정해지며, 압력이 낮거나 공급량이 적을수록 더욱 심해지는 현상

(2) 유압 작동유

① 유압 작동유의 구비 조건

㉠ 인화점이 높아야 한다.

㉡ 화학적으로 안정되어야 한다.

㉢ 방청성이 좋아야 한다.

㉣ 온도에 따른 점도 변화가 작아야 한다.

㉤ 적당한 유동성과 적당한 점도를 가져야 한다.

② 유체클러치 오일의 구비 조건

㉠ 착화점이 높아야 한다.

㉡ 비중이 커야 한다.

㉢ 비등점이 높아야 한다.

㉣ 점도가 낮아야 한다.

③ 유압 작동유 교체 시 주의 사항

㉠ 화기 근처에서는 교체하지 않는다.

㉡ 장비를 정지시킨 후 교체한다.

㉢ 먼지 등 이물질이 유입되지 않도록 한다.

㉣ 유압 작동유가 비교적 저온 상태일 때 교체한다.

④ 점도의 영향

점도가 높을 때	점도가 낮을 때
• 관내의 마찰손실이 커진다. • 동력 손실이 커진다. • 열 방생의 원인이 된다. • 유압이 높아진다.	• 오일 누설에 영향이 있다. • 펌프 효율이 떨어진다. • 회로 압력이 떨어진다. • 실린더 및 컨트롤밸브에서 누출이 발생한다.

⑤ 유압유의 온도가 과도하게 상승하였을 때 나타나는 현상

㉠ 유압유의 산화작용을 촉진한다.

㉡ 작동불량 현상이 발생한다.

㉢ 기계적인 마모가 발생할 수 있다.

㉣ 열화를 촉진한다.

㉤ 점도저하에 의해 누유되기 쉽다.

㉥ 온도변화에 의해 유압기기가 열 변형되기 쉽다.

㉦ 펌프 효율이 저하된다.

㉧ 밸브류의 기능이 저하된다.

2 유압펌프 및 모터의 구조와 기능

(1) 유압 펌프

① 외접 기어펌프 : 일반적으로 유압펌프에서 가장 많이 사용되는 형식

② 피스톤 펌프 : 유압펌프 중에서 가장 큰 출력을 발생시킬 수 있는 펌프

③ 플런저 펌프

㉠ 펌프 토출량 제어방법
- 펌프 마력 제어
- 펌프 유량 제어
- 펌프 압력 제어

㉡ 액시얼형 사판식 플런저 펌프의 사판각 조정 시 변화 : 펌프의 토출유량이 바뀐다.
- 사판 각이 증가할수록 펌프의 토출 유량이 증가한다.
- 사판 각이 감소할수록 펌프의 토출 유량이 감소한다.

④ 정용량형 유압펌프

㉠ 펌프 1회전당 이론 송출량이 변화하지 않는 펌프이다.

㉡ 토출량이 적거나 토출되지 않는 원인
- 벨트 구동식에서 V벨트 장력이 작다.
- 유압작동유가 부족하다.
- 펌프 회전방향이 틀리다.

⑤ 유압펌프 정비·교체 시 주의 사항

㉠ 분해한 부품은 분해 순서에 따라 정렬해 놓는다.

㉡ 내부 주요 부품은 작동유를 바른 후 조립한다.

㉢ 작업장 바닥에 작동유가 없도록 깨끗이 청소한다.

㉣ 반드시 안전화를 착용해야 한다.

㉤ 탱크에 유압 작동유가 채워져 있는지 확인한다.

㉥ 펌프의 회전방향이 틀리지 않도록 한다.

㉦ 유압회로 내 에어빼기를 한다.

⑥ 유압펌프에서 소음이 발생하는 원인

㉠ 유압펌프에서 상부커버의 고정 볼트가 풀린 경우

㉡ 작동유의 점도가 너무 높은 경우

㉢ 작동유에 공기가 유입된 경우

㉣ 유압펌프의 구동축 베어링이 마모된 경우

※ 유압펌프의 비교

구분	기어펌프	베인펌프	플런저(피스톤)펌프
구조	간단	간단	복잡
최고압력(kgf/cm^2)	210 정도	175정도	350정도
토출량의 변화	정용량형	가변용량 가능	가변용량 가능
소음	중간	적다	크다
자체 흡입 능력	좋다	보통	나쁘다
수명	중간 정도	중간 정도	길다

(2) 유압 모터

① 유압모터의 특징

㉠ 과부하에 대해 안전하다.

㉡ 소형으로 강력한 힘을 낼 수 있다.

㉢ 무단변속이 용이하다.

㉣ 정·역회전 변화가 가능하다.

※ **유압펌프 대비 유압모터의 가장 큰 특징** : 공급되는 유량으로 회전수를 제어한다.

② 유압모터의 종류 : 기어형 모터, 베인형 모터, 피스톤형(플런저형) 모터

3 유압밸브 및 회로의 구조와 기능

(1) 유압밸브

① 압력제어밸브

㉠ 리듀싱 밸브(감압 밸브, Reducing Valve) : 1차측 압력과 관계없이 분기회로에서 2차측 압력을 설정압력까지 감압하는 밸브

㉡ 시퀀스 밸브(Sequence Valve) : 유압회로에서 어느 부분의 압력이 설정압력 이상이 되면 압력에 의해 밸브를 완전히 열고, 유압유를 1차측에서 2차측으로 통하게 하는 밸브

㉢ 카운터 밸런스 밸브(Counter Balnace Valve) : 실린더가 중력으로 인해 제어속도 이상으로 낙하 하는 것을 방지하여 준다.

㉣ 릴리프 밸브(Relief Valve) : 유압회로에서 실린더로 공급되는 오일 압력을 조정하여 회로 내의 최대압력을 제어하는 밸브

㉤ 언로드 밸브(무부하 밸브, Unload Valve) : 일정조건에서 펌프를 무부하로 하기 위해 사용되는 밸브

② 유량제어밸브

㉠ 스로틀 밸브(교축 밸브, Throttle Valve) : 통로의 단면적을 바꿔서 교축 작용으로 유량과 감압을 조절하는 밸브

㉡ 압력보상 유량제어 밸브

㉢ 분류 밸브(Divider Valve)

㉣ 니들 밸브(Needle Valve)

③ 방향제어밸브

㉠ 셔틀 밸브(Shuttle Valve) : 출구가 최고 압력의 입구를 선택하는 기능이 있으며, 저압측은 통제하고 고압측만 통과시키는 밸브

㉡ 체크 밸브(Check Valve) : 유압회로 내 잔압을 유지하고 역류를 방지하는 밸브

㉢ 감속 밸브(Deceleration Valve) : 스풀을 작동시켜 유로를 서서히 개폐하여 충격 없이 작동체의 발진, 감속, 정지 변환 등을 하는 밸브

㉣ 스풀 밸브(Spool Valve) : 축 방향으로 이동하여 오일의 흐름을 변환하는 밸브

㉤ 2 · 3 · 4방향밸브

(2) 유압회로

① 유압의 기본회로

㉠ **탠덤회로** : 1개 스풀을 조작하고 있을 때 그보다 하류에 있는 스풀을 사용할 수 없고 동시에 2개를 작동시켰을 때에는 반드시 상류측이 우선 작동

㉡ **오픈회로** : 작동유가 탱크로부터 펌프로 흡입되고 펌프에서 제어밸브를 통과하여 액추에이터에 일을 한 후 다시 제어밸브를 통과하여 탱크로 복귀

㉢ **클로즈회로** : 펌프에서 토출된 오일이 제어밸브를 거쳐 액추에이터에 도달한 후 액추에이터에서 제어밸브를 거쳐 다시 펌프로 복귀하여 탱크로 되돌아가지 않음

※ **피드회로** : 클로즈회로에서 펌프 또는 모터 등에서 누유가 발생했을 때 작동유를 보충해주는 회로

② 속도제어 회로 : 유압장치의 장점인 유압모터나 유압 실린더의 속도를 임의로 쉽게

제어할 수 있는 회로이다. 실린더의 크기, 유량, 부하 등에 의하여 속도를 제어할 수 있다.

㉠ 미터 아웃 회로 : 액추에이터 출구 측 관로에 설치한 회로로서 실린더로부터 유출하는 유량을 직접 제어

㉡ 미터 인 회로 : 액추에이터 입구 측 관로에 설치한 회로로서 실린더로 유입하는 유량을 직접 제어

㉢ 블리드 오프 회로 : 실린더 입구의 분기 회로에 설치한 회로로서 액추에이터에 흐르는 유량의 일부를 탱크로 분기

㉣ 감속 회로

㉤ 동기 회로

㉥ 차동 회로

③ 압력제어 회로

㉠ 시퀀스 회로

㉡ 언로드 회로

㉢ 카운트 밸런스 회로

㉣ 로크 회로

※ **최대 압력제한 회로** : 유압회로에서 일을 하지 않는 행정에서는 저압 릴리프 밸브로 압력을 제어하고, 일을 하는 행정에서는 고압 릴리프 밸브로 압력을 제어하여 작동목적에 맞게 적절한 압력을 사용함으로서 동력을 아낄 수 있는 회로

④ 유압회로 내 설정 압력

㉠ 설정 압력이 너무 높은 경우 : 유압 작동유의 온도가 높아진다.

㉡ 설정 압력이 너무 낮은 경우

- 캐비테이션 현상이 발생한다.
- 유압펌프의 흡입이 불량해진다.

※ 유압회로에서 서지압력 : 과도적으로 상승한 압력의 최댓값

⑤ 유압회로에서 압력에 영향을 주는 요소

㉠ 유체의 흐름량

㉡ 유체의 점도

㉢ 관로 직경의 크기

4 유압실린더 및 축압기의 구조와 기능

(1) 유압실린더

① 역할 : 방향 전환

② 종류

㉠ 직선왕복 실린더

- 차동식 실린더
- 단동식 실린더 : 피스톤의 한쪽에만 유압 공급
- 복동식 실린더 : 피스톤의 양쪽에 유압 공급

㉡ 요동 실린더

- 나사식 실린더
- 레버식 실린더
- 베인식 실린더

③ 유압실린더의 정비사항

㉠ 로드 씰 교환

㉡ 오일 링 교환

㉢ 오일 씰 교환

④ 유압실린더 분해 · 조립 시 주의 사항

㉠ 무리한 힘을 가하여 분해 · 조립하지 않는다.

㉡ 용도 및 크기를 고려하여 적절한 공구를 사용한다.

㉢ 실린더 내부의 부품을 조립할 때에는 유압유를 바르고 분해의 역순으로 한다.

㉣ 다이얼게이지를 사용하여 피스톤 로드의 휨을 측정한다.

※ **숨돌리기 현상** : 기계가 작동하다가 아주 짧은 시간이지만 순간적으로 멈칫하는 현상이다. 공기의 혼입으로 힘이 완벽하게 전달되지 않기 때문에 일어난다.

(2) 축압기(어큐뮬레이터)

① 역할 : 압력 보상, 맥동 제거, 충격 완화 등

② 기능

㉠ 맥동 및 충격을 흡수한다.

㉡ 압력에너지를 축적한다.

㉢ 유압장치 및 유압펌프의 파손을 방지한다.

㉣ 에너지를 저장할 수 있다.

③ 축압기 취급 시 주의 사항

㉠ 축압기에 용접이나 가공을 하지 않는다.

㉡ 유압펌프 맥동방지용 축압기는 펌프의 출구측에 설치한다.

㉢ 충격 흡수용 축압기는 충격 발생원에 근접한 곳에 설치한다.

㉣ 축압기에 봉입하는 가스로 폭발성 기체를 사용하면 안 된다.

5 유압 회로도 및 기호

(1) 유압 회로도

① 단면 회로도 : 유압회로도 중에서 유압기기의 내부 및 동작을 단면으로 표시

② 기호 회로도 : 유압기호로 표시

③ 그림 회로도 : 유압기기의 외형을 그림으로 표시

④ 조합 회로도 : 그림 회로도 + 단면 회로도

(2) 유압기호

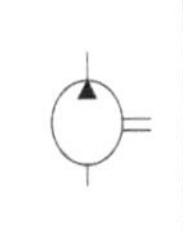	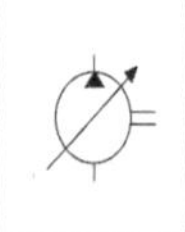	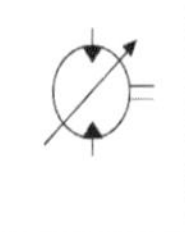	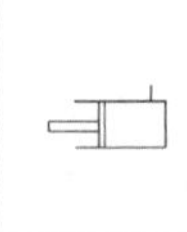	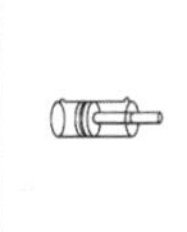
정용 량형 유압펌프	가변용량형 유압펌프	가변용량형 유압모터	단동 실린더	복동 실린더
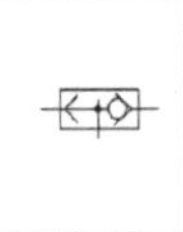		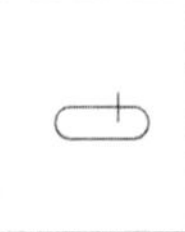	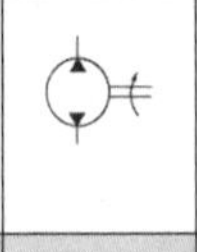	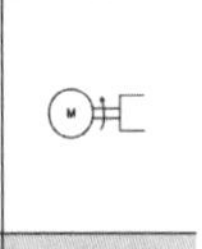
고압우선형 셔틀밸브	작동유 탱크 (개방형)	작동유 탱크 (가압형)	정용량형 펌프 · 모터	회전형 전기모터 액추에이터
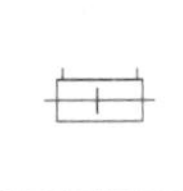	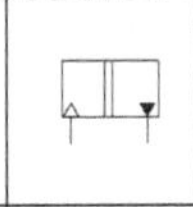	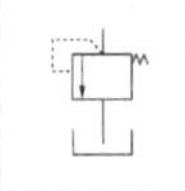	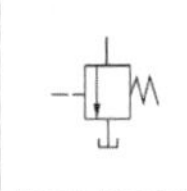	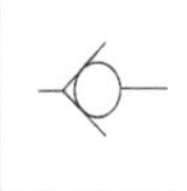
복동 실린더 양 로드형	공기 유압 변환기	릴리프 밸브	무부하 밸브	체크 밸브
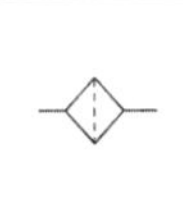	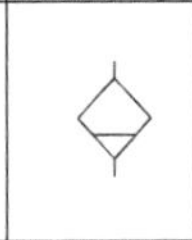	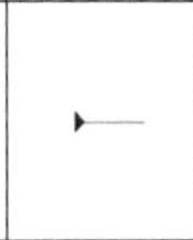	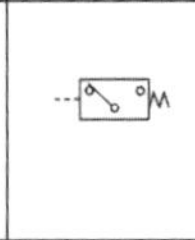	
오일필터	드레인 배출기	유압 동력원	압력 스위치	압력계
	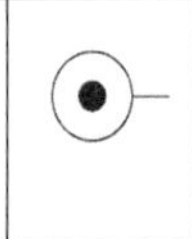	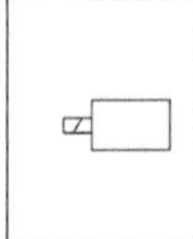	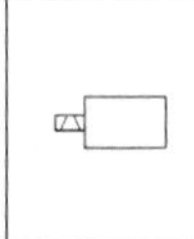	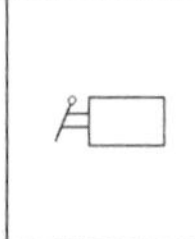
어큐뮬레이터 (축압기)	압력원	전자조작 단동 솔레노이드	전자조작 복동 솔레노이드	인력조작 레버
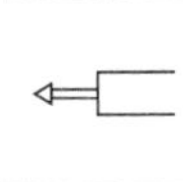	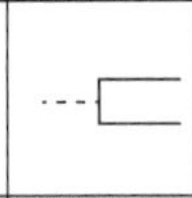	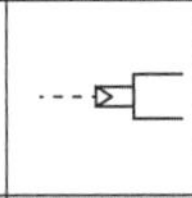	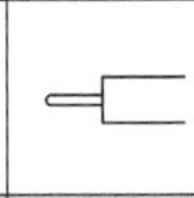	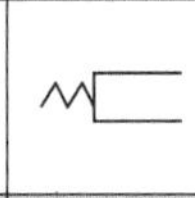
인력조작 누름버튼	파일럿조작 직접작동	파일럿조작 간접작동	기계조작 플런저	기계조작 스프링

출제 예상 문제

01 압력의 단위가 아닌 것은?

① N · m ② kPa
③ bar ④ kgf/cm^2

해설 1bar ≒ $1.02kgf/cm^2$ ≒ 1atm ≒ 14.5psi
≒ 100,000Pa = 100kPa = 0.1MPa

02 대기압 상태에서 측정한 압력계의 압력은?

① 표준대기압력 ② 진공압력
③ 절대압력 ④ 게이지압력

해설
- **진공압력** : 대기압보다 낮아지는 압력
- **절대압력** : 게이지압력 + 대기압
또는 대기압 - 진공압력

03 유압장치에 대한 설명으로 가장 적절한 것은?

① 액체로 변환시키기 위해 기체를 압축시키는 장치
② 유체의 압력에너지를 이용하여 기계적인 일을 하는 장치
③ 오일을 이용하여 전기를 발생시키는 장치
④ 무거운 물체를 들어올리기 위해 기계적인 이점을 이용하는 장치

04 유압기기는 작은 힘으로 큰 힘을 얻는 장치이다. 어떤 원리를 응용한 것인가?

① 베르누이의 원리
② 파스칼의 원리
③ 뉴턴의 원리
④ 보일의 원리

05 유압 계통에서 릴리프 밸브 스프링의 장력이 약해지면 발생할 수 있는 현상은?

① 블로바이 현상 ② 노킹 현상
③ 채터링 현상 ④ 트램핑 현상

해설
- **블로바이 현상** : 피스톤 압축 시 실린더 벽과 피스톤 사이의 틈새로 미량의 가스가 새어 나오는 현상
- **노킹 현상** : 엔진 실린더 내에서 비정상 연소에 의해 망치로 두드리는 것과 같은 소음이 발생하는 현상
- **채터링 현상** : 릴리프 밸브의 볼이 밸브 시트를 두들겨서 소음을 발생시키는 현상
- **트램핑 현상** : 고속주행 시 바퀴가 상·하로 진동하는 현상

06 유압유 내에 거품(기포)이 발생하는 원인으로 가장 적절한 것은?

① 오일 열화
② 오일 내 수분 유입
③ 오일 누설
④ 오일 내 공기 유입

07 유압유의 구비 조건이 아닌 것은?

① 점도지수가 커야 한다.
② 비압축성이어야 한다.
③ 체적 탄성계수가 작아야 한다.
④ 인화점 및 발화점이 높아야 한다.

해설 유압유는 체적 탄성계수가 커야 한다.

08 유압유의 가장 중요한 성질은?

① 열효율 ② 온도
③ 점도 ④ 습도

[정답] 01. ① 02. ④ 03. ② 04. ② 05. ③ 06. ④ 07. ③ 08. ③

09 **유압유의 점도에 대한 설명으로 틀린 것은?**

① 점성의 정도를 나타내는 척도이다.
② 점성계수를 밀도로 나눈 값이다.
③ 온도가 하강하면 점도는 높아진다.
④ 온도가 상승하면 점도는 낮아진다.

해설 동점성계수 : 점성계수를 밀도로 나눈 값이다.

10 **유압회로에서 작동유의 정상온도 범위로 가장 적절한 것은?**

① −10~5℃ ② 10~40℃
③ 50~70℃ ④ 90~120℃

해설 유압회로에서 작동유의 정상온도 범위 : 50~70℃

11 **다음에서 유압계통에 사용되는 오일의 점도가 너무 낮을 때 발생하는 현상으로 모두 맞는 것은?**

a. 회로 내 압력저하
b. 펌프 효율 저하
c. 실린더 및 컨트롤밸브에서 누출 현상
d. 기동할 때 저항 증가

① a, c, d ② a, b, d
③ a, b, c ④ b, c, d

해설 오일의 점도가 너무 높으면 기동할 때 저항이 증가한다.

12 **다음에서 유압 작동유가 갖추어야 할 조건을 모두 나열한 것은?**

a. 압력에 대해 비압축성 일 것
b. 밀도가 작을 것
c. 열팽창계수가 작을 것
d. 체적탄성계수가 작을 것
e. 점도지수가 낮을 것
f. 발화점이 높을 것

① a, b, c, d ② a, b, c, f
③ b, c, e, f ④ b, d, e, f

해설 유압 작동유는 체적탄성계수가 크고, 점도지수가 높아야 한다.

13 **오일펌프의 종류가 아닌 것은?**

① 베인펌프 ② 기어펌프
③ 진공펌프 ④ 플런저펌프

해설 오일펌프의 종류 : 베인펌프, 기어펌프, 플런저펌프

14 **유압펌프 관련 용어 중 GPM의 의미는?**

① 회로 내에서 이동되는 유체의 양
② 회로 내에서 형성되는 압력의 크기
③ 복동 실린더의 치수
④ 흐름에 대한 저항

해설 GPM(Gallon Per Minute) : 유량단위

15 **다음 그림과 같이 유압펌프의 종류 중 안쪽은 내·외측 로터, 바깥쪽은 하우징으로 구성되어 있는 펌프를 무엇이라고 하는가?**

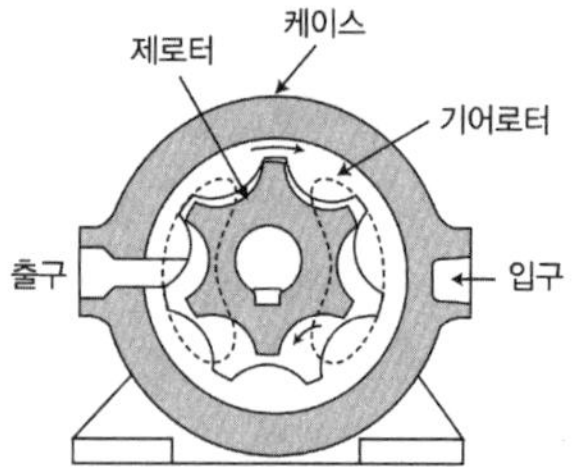

① 트로코이드 펌프
② 피스톤 펌프
③ 기어 펌프
④ 베인 펌프

[정답] 09. ② 10. ③ 11. ③ 12. ② 13. ③ 14. ① 15. ①

16 유압펌프에서 유량 및 유압이 낮아지는 원인으로 틀린 것은?

① 기어 옆 부분과 펌프 내벽 사이의 간극이 클 때
② 기어와 펌프 내벽 사이의 간극이 클 때
③ 펌프 흡입라인이 막혔을 때
④ 오일탱크에 오일량이 과다할 때

17 유압펌프에서 소음이 발생할 수 있는 원인이 아닌 것은?

① 펌프의 속도가 느릴 때
② 오일의 양이 적을 때
③ 오일의 점도가 너무 높을 때
④ 오일 속에 공기가 유입될 때

18 회전수가 일정할 때 펌프의 토출량이 바뀔 수 있는 것은?

① 가변 용량형 피스톤 펌프
② 프로펠러 펌프
③ 정용량형 베인펌프
④ 기어펌프

19 기어펌프에 대한 설명으로 옳은 것은?

① 날개깃에 의해 펌핑작용을 한다.
② 가변용량 펌프이다.
③ 비정용량 펌프이다.
④ 정용량 펌프이다.

20 기어펌프의 회전수가 변했을 때 발생하는 현상으로 가장 적절할 것은?

① 오일 흐름 방향이 변한다.
② 회전 경사판의 각도가 변한다.
③ 오일압력이 무조건 증가한다.
④ 유량이 변한다.

21 유압펌프에서 작동유 누유 여부에 대한 점검 사항이 아닌 것은?

① 운전자가 관심을 가지고 지속적으로 점검한다.
② 고정 볼트가 이완된 경우 추가 조임을 한다.
③ 정상 작동 온도로 난기 운전을 실시하여 점검하는 것이 좋다.
④ 하우징에 균열이 발생되면 패킹을 교환한다.

해설 하우징에 균열이 발생되면 유압펌프 조립체(또는 하우징)를 교환한다.

22 유압모터의 종류에 해당하지 않는 것은?

① 베인형 ② 기어형
③ 터빈형 ④ 플런저형

23 유압모터의 단점이 아닌 것은?

① 작동유가 누출되면 작업 성능에 지장이 발생한다.
② 작동유에 먼지 및 공기가 유입되지 않도록 보수에 주의한다.
③ 릴리프 밸브를 부착하여 속도 및 방향을 제어하기 어렵다.
④ 작동유의 점도 변화에 의하여 유압모터의 사용에 제한이 있다.

24 다음 중 유압실린더와 유압모터의 설명으로 옳은 것은?

① 실린더는 직선운동, 모터는 회전운동
② 실린더는 회전운동, 모터는 직선운동
③ 실린더와 모터 모두 직선운동
④ 실린더와 모터 모두 회전운동

[정답] 16. ④ 17. ① 18. ① 19. ④ 20. ④ 21. ④ 22. ③ 23. ③ 24. ①

25 **압력제어밸브의 역할은?**

① 일의 속도 결정 ② 일의 시간 결정
③ 일의 크기 결정 ④ 일의 방향 결정

해설 압력제어밸브는 일의 크기를 결정한다.

26 **액추에이터의 운동 속도를 제어하기 위해 사용하는 밸브는?**

① 방향제어밸브 ② 유량제어밸브
③ 압력제어밸브 ④ 온도제어밸브

해설
- 방향제어 밸브 : 일의 방향 제어
- 유량제어 밸브 : 일의 속도 제어
- 압력제어 밸브 : 일의 크기 제어

27 **다음에서 유압회로에 사용되는 3가지 종류의 제어밸브를 모두 나열한 것은?**

a. 압력제어밸브
b. 속도제어밸브
c. 방향제어밸브
d. 유량제어밸브

① a, b, c ② a, b, d
③ a, c, d ④ b, c, d

해설 유압회로에 사용되는 3가지 종류의 제어밸브 : 압력제어밸브, 방향제어밸브, 유량제어밸브

28 **압력제어밸브가 아닌 것은?**

① 언로드 밸브 ② 시퀀스 밸브
③ 교축 밸브 ④ 릴리프 밸브

해설 교축밸브는 유량제어(속도)밸브이다.

29 **방향제어밸브에서 내부 누유에 영향을 미치는 요소가 아닌 것은?**

① 밸브 간극의 크기
② 흡입 여과기
③ 관로의 유량
④ 밸브 양단의 압력차

30 **유압실린더 등의 중력으로 인해 낙하를 방지하기위해 회로에 배압을 유지하는 밸브는?**

① 언로더밸브
② 카운터밸런스밸브
③ 감압밸브
④ 시퀀스밸브

해설 카운터 밸런스 밸브는 중력으로 인한 낙하를 방지하기 위해 회로의 배압을 유지한다.

31 **유압회로에 흐르는 압력이 설정된 압력 이상으로 상승하는 것을 방지하기 위한 밸브는?**

① 릴리프 밸브
② 감압 밸브
③ 시퀀스 밸브
④ 카운터 밸런스 밸브

해설 릴리프밸브 : 유압회로 내 압력을 일정하게 유지하고 최고압력을 제한하여 회로를 보호해주는 밸브

32 **유압이 규정값보다 높아질 때 작동하여 회로를 보호하는 밸브는?**

① 릴리프 밸브
② 시퀀스 밸브
③ 리듀싱 밸브
④ 카운터 밸런스 밸브

33 **일반적으로 유압장치에서 릴리프밸브가 설치되는 위치는?**

① 펌프와 제어밸브 사이
② 필터와 실린더 사이

[정답] 25. ③ 26. ② 27. ③ 28. ③ 29. ③ 30. ② 31. ① 32. ① 33. ①

③ 필터와 오일탱크 사이
④ 펌프와 오일탱크 사이

해설 **릴리프밸브** : 유압회로 내 압력을 일정하게 유지하고 최고압력을 제한하여 회로를 보호해주는 밸브

34 **유압식 건설기계장비에서 고압 호스가 자주 파열된다. 그 원인으로 가장 적절한 것은?**

① 릴리프 밸브의 설정 압력 불량
② 오일의 점도저하
③ 유압펌프의 고속회전
④ 유압모터의 고속회전

해설 **릴리프 밸브의 설정 압력 불량** : 릴리프 밸브의 설정 압력이 높으면 고압 호스가 자주 파열될 수 있다.

35 **유압 컨트롤 밸브 내에서 스풀 형식의 밸브가 사용되는 목적은?**

① 펌프의 회전방향을 바꾸기 위해
② 회로 내의 압력을 상승시키기 위해
③ 오일의 흐름방향을 바꾸기 위해
④ 축압기의 압력을 바꾸기 위해

해설 **스풀밸브** : 축 방향으로 이동하여 오일의 흐름을 변환하는 밸브

36 **유체에너지를 일시 저장하여 맥동 및 충격압력을 흡수하고 부하가 클 때 저장해둔 에너지를 방출하여 순간적인 과부하를 방지하는 기기는?**

① 어큐뮬레이터 ② 액추에이터
③ 제어밸브 ④ 유압펌프

해설 **어큐물레이터** : 유체에너지를 일시 저장하여 맥동 및 충격압력을 흡수하고 부하가 클 때 저장해둔 에너지를 방출하여 순간적인 과부하를 방지

37 **유압장치에 사용되는 유압기기에 대한 설명으로 틀린 것은?**

① 축압기 – 외부로 오일 누출 방지
② 유압펌프 – 오일 압송
③ 실린더 – 직선운동
④ 유압모터 – 무한회전운동

해설 오일 씰(Oil Seal) – 외부로 오일 누출 방지

38 **오일 씰(seal)의 종류 중에서 O–링의 구비 조건으로 옳은 것은?**

① 작동 시 마모가 클 것
② 오일의 입·출입이 가능할 것
③ 죄는 힘(체결력)이 작을 것
④ 압축변형이 작을 것

해설 O–링의 구비 조건
- 작동 시 마모가 작을 것
- 오일의 입·출입이 없을 것
- 죄는 힘(체결력)이 클 것

39 **유압유의 압력에너지(힘)를 기계적 에너지(일)로 변환시키는 작용을 하는 것은?**

① 유압펌프 ② 액추에이터
③ 어큐뮬레이터 ④ 유압밸브

해설
- **유압펌프** : 엔진의 기계적 에너지를 유압 에너지로 변환
- **어큐뮬레이터** : 유체에너지를 일시 저장하여 맥동 및 충격압력을 흡수하고 부하가 클 때 저장해둔 에너지를 방출하여 순간적인 과부하를 방지

40 **유압장치의 불순물 및 금속가루를 제거하기 위한 장치로 바르게 나열된 것은?**

① 스크레이퍼, 필터
② 여과기, 어큐뮬레이터
③ 필터, 스트레이너
④ 어큐뮬레이터, 스트레이너

[정답] 34. ① 35. ③ 36. ① 37. ① 38. ④ 39. ② 40. ③

41 **유압장치에서 오일탱크의 구비 조건으로 틀린 것은?**

① 유면은 적정위치 'F'에 가깝게 유지해야 한다.
② 발생한 열을 발산할 수 있어야 한다.
③ 공기 및 이물질을 오일로부터 분리할 수 있어야 한다.
④ 탱크의 크기는 정지할 때 되돌아오는 오일량의 용량과 동일하게 한다.

42 **호이스트형 유압호스 연결부에 가장 많이 사용하는 것은?**

① 니플 조인트 ② 유니온 조인트
③ 엘보 조인트 ④ 소켓 조인트

해설 **유니온 조인트** : 호이스트형 유압호스 연결부에 가장 많이 사용하는 것

43 **단동 실린더의 기호 표시는?**

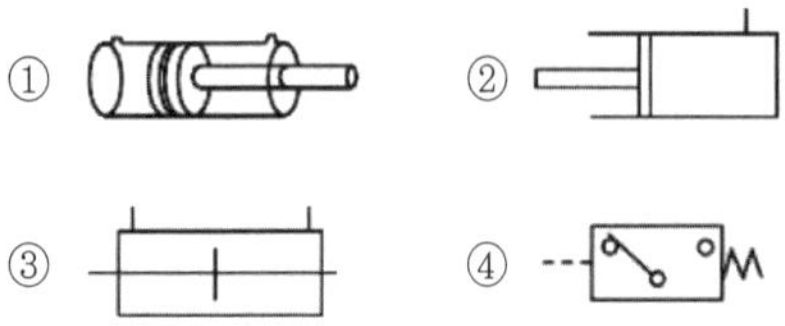

해설
- 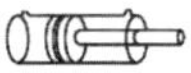 : 복동 실린더
- 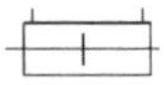 : 복동 실린더 양 로드형
- 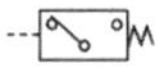 : 압력 스위치

44 **방향전환밸브의 조작방식에서 단동 솔레노이드 기호 표시는?**

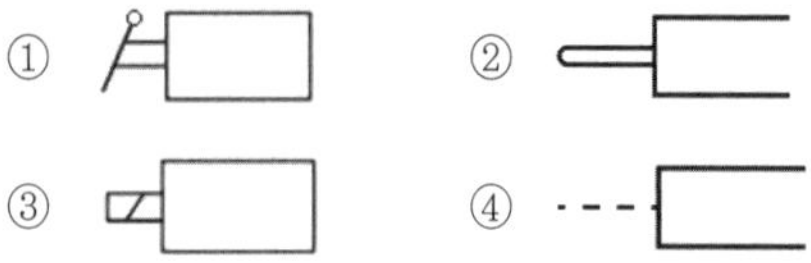

해설
- 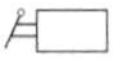 : 인력조작–레버
- 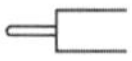 : 기계조작–플런저
- 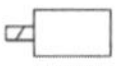 : 전자조작–단동솔레노이드
- 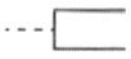 : 파일럿조작–직접작동

45 **방향전환밸브의 조작방식에서 복동 솔레노이드 기호 표시는?**

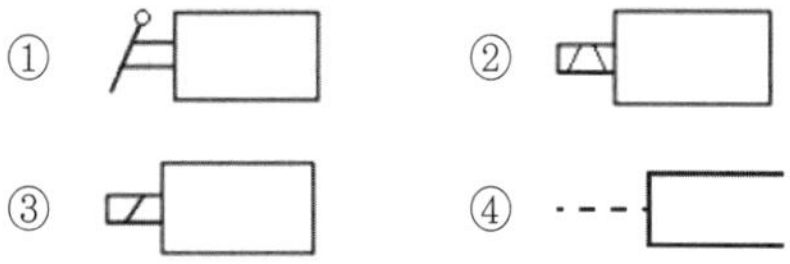

46 **다음 유압 기호 표시는?**

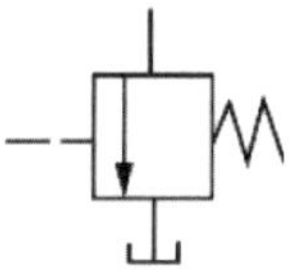

① 순차 밸브 ② 무부하 밸브
③ 릴리프 밸브 ④ 감압 밸브

[정답] 41. ④ 42. ② 43. ② 44. ③ 45. ② 46. ②

06 작업장치

1 지게차의 구조와 기능

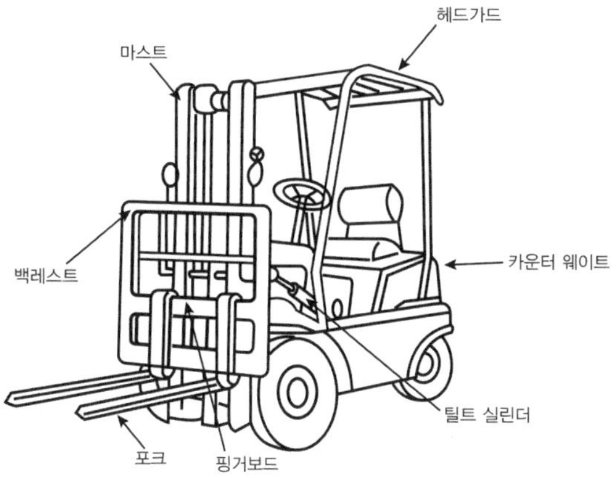

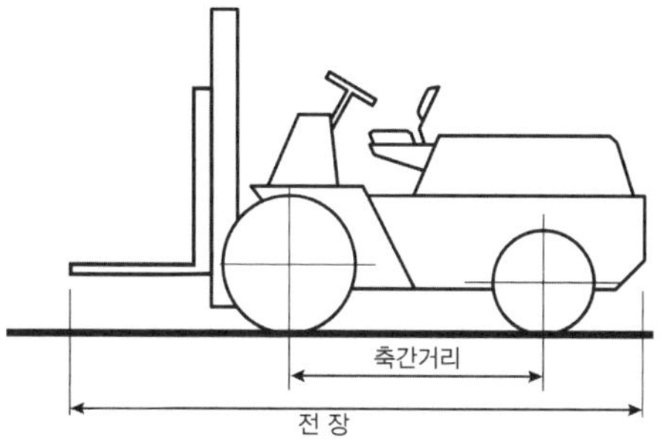

(1) 지게차의 개요

① 일반적인 지게차는 앞바퀴 구동방식이다.

② 일반적인 지게차는 뒷바퀴 조향방식이다.

③ 지게차의 앞바퀴는 직접적으로 프레임에 설치되어 있다.

④ 포크를 상승시키고자 할 때는 리프트 레버를 후방으로 당기고, 하강시키고자 할 때는 전방으로 민다.

⑤ 틸트 레버는 전방으로 밀면 마스트가 앞으로 기울어져 포크가 전방으로 움직인다.

⑥ 화물을 적재하고자 할 때 마스트를 약간 전경시켜 포크를 끼워서 화물을 싣는다.

(2) 지게차의 구조

① **동력 전달 순서**

㉠ 일반적인 지게차 : 엔진 → 토크컨버터 → 변속기 → 종감속기어 및 차동장치 → 앞 구동축 → 최종감속기 → 차륜

㉡ 마찰클러치가 장착된 지게차 : 엔진 → 클러치 → 변속기 → 차동장치 → 앞차축 → 앞차륜

② **조향장치**

㉠ 타이로드 : 지게차에서 토인을 조정할 수 있는 장치

㉡ 벨 크랭크 : 지게차에서 조향실린더의 직선운동을 축의 중심으로 한 회전운동으로 바꾸어줌과 동시에 타이로드에 직선운동을 시켜 주는 장치

③ **카운터 웨이트** : 지게차의 뒤쪽에 설치되어 있으며 앞쪽에 집중되는 화물의 무게중심을 후방으로 이동시킨다.

④ **인칭조절 페달** : 지게차의 유압을 빠르게 작동시켜 신속히 화물을 상승 및 적재시키거나 앞뒤 방향으로 서서히 화물에 근접시킬 때 사용하는 장치

2 지게차 작업장치의 구조와 기능

(1) 지게차의 작업장치 중 동력전달기구

① 리프트 실린더

- 포크를 상승 또는 하강시킨다.
- 단동식 실린더이다.
- 포크 상승 시 유압유가 공급되고, 하강 시에는 공급되지 않는다.

② 틸트 실린더
- 마스트를 전경(앞쪽으로 기울이기) 또는 후경(뒤쪽으로 기울이기)으로 작동시킨다.
- 복동식 실린더이다.

③ 리프트 체인
- 마스트를 따라 캐리지를 상하로 움직이는데 사용되는 체인
- 한쪽 체인이 늘어지면 좌우 포크 높이가 달라지므로 조정해야 한다.
- 체인 길이는 핑거보드 롤러의 위치로 조정할 수 있다.
- 리프트 체인에는 엔진오일을 주유한다.

(2) 지게차의 작업장치 용도

① 로드 스태빌라이저 : 화물을 아래쪽의 포크와 위쪽의 압력판으로 고정시켜 흔들림을 방지한다.

② 로테이팅 클램프 : 롤 또는 원추형 모양의 화물을 눕히거나 세운다.

③ 베일 클램프 : 평면 암을 이용하여 좌 · 우로 화물을 고정시켜 파렛트 없이 운반한다.

④ 힌지드 버킷 : 버킷을 위 · 아래로 크게 기울여 모래, 흙 등과 같은 화물을 운반한다.

⑤ 힌지드 포크 : 포크를 위 · 아래로 크게 기울여 원목이나 드럼통과 같은 화물을 운반한다.

⑥ 포크 무버 : 좌 · 우 포크의 간격을 조정한다.

⑦ 사이드 시프트 : 캐리지를 좌 · 우로 움직여 파렛트 간격을 맞춘다.

⑧ 하이 마스트 : 높은 위치에 물건을 쌓거나 내릴 때 적합하다.

(3) 지게차의 조종 레버

① 변속 레버(주행 레버) : 지게차를 전 · 후진으로 움직이기 위해 조작하는 레버

② 리프트 레버 : 마스트(또는 포크)를 상 · 하로 움직이기 위해 조작하는 레버
   ㉠ 리프팅(lifting) : 마스트(또는 포크)의 상승 작업
   ㉡ 로어링(lowering) : 마스트(또는 포크)의 하강 작업

③ 틸트 레버 : 마스트(또는 포크)를 전 · 후로 움직이기 위해 조작하는 레버

(4) 지게차의 각종 실린더

① 조향 실린더 : 차체를 좌 · 우로 회전시킨다.

② 리프트 실린더 : 포크를 상 · 하로 이동시킨다.

③ 틸트 실린더 : 마스트의 전 · 후 경사각을 유지시킨다.

Tip

※ 실린더의 상승력이 저하되는 원인
- 실린더에서 누유된다.
- 오일펌프가 불량하다.
- 오일필터가 막혔다.
- 유압유가 과소하다.

(5) 마스트의 경사각

마스트를 앞 · 뒤로 기울일 때 수직면에 대하여 이루는 각

① 전경각 : 마스트를 앞쪽으로 기울인 최대 경사각(5~6°)

② 후경각 : 마스트를 뒤쪽으로 기울인 최대 경사각(10~12°)

※ 지게차 마스트 경사각 기준

종 류	전경각	후경각
카운트밸런스 지게차	6° 이하	12° 이하
사이드포크형 지게차	5° 이하	5° 이하

(6) 지게차의 점검

① 포크가 한쪽으로 기울어지는 원인 : 한쪽 체인이 늘어나면 포크가 한쪽으로 기울어질 수 있다.

② 지게차의 유압탱크 점검 전, 포크의 위치 : 포크를 지면에 위치시킨 후 점검한다.

③ 지게차의 체인장력 조정방법

㉠ 체인장력 조정 후 잠금(Lock) 너트를 조인다.

㉡ 손으로 체인을 눌렀을 때 양쪽이 다르면 조정 너트를 이용하여 조정한다.

㉢ 포크를 지상에서 약간 올린 후 조정한다.

㉣ 좌·우 체인이 동시에 평행한지 여부를 확인한다.

출제 예상 문제

01 **지게차에 대한 설명으로 틀린 것은?**

① 목적지에 도착하여 화물을 내리기 위해 틸트 실린더를 후경시키고 전진한다.
② 포크를 상승시키고자 할 때는 리프트 레버를 후방으로 당기고, 하강시키고자 할 때는 전방으로 민다.
③ 틸트 레버는 전방으로 밀면 마스트가 앞으로 기울어져 포크가 전방으로 움직인다.
④ 화물을 적재하고자 할 때 마스트를 약간 전경시켜 포크를 끼워서 화물을 싣는다.

02 **일반적인 지게차의 구동방식은?**

① 앞바퀴 구동방식
② 뒷바퀴 구동방식
③ 중간차축 구동방식
④ 앞 · 뒷바퀴 구동방식

해설 일반적인 지게차는 앞바퀴 구동방식이다.

03 **지게차의 앞바퀴가 설치되어 있는 위치는?**

① 직접적으로 프레임에 설치되어 있다.
② 등속이음에 설치되어 있다.
③ 너클암에 설치되어 있다.
④ 새클핀에 설치되어 있다.

해설 지게차의 앞바퀴는 직접적으로 프레임에 설치되어 있다.

04 **일반적인 지게차의 조향방식은?**

① 앞바퀴 조향 ② 뒷바퀴 조향
③ 중간차축 조향 ④ 앞 · 뒷바퀴 조향

해설 일반적인 지게차는 뒷바퀴 조향방식이다.

05 **다음에서 ( ) 안에 들어갈 장치로 알맞은 것은?**

> **지게차의 동력 전달 순서** : 엔진 → 토크컨버터 → 변속기 → 종감속기어 및 차동장치 → ( ) → 최종감속기 → 차륜

① 클러치 디스크 ② 중간변속기
③ 앞 구동축 ④ 뒤 구동축

해설 **지게차의 동력 전달 순서** : 엔진 → 토크컨버터 → 변속기 → 종감속기어 및 차동장치 → 앞 구동축 → 최종감속기 → 차륜

06 **마찰 클러치가 장착된 지게차의 동력 전달 경로를 바르게 나열한 것은?**

① 엔진 → 클러치 → 변속기 → 차동장치 → 앞차축 → 앞차륜
② 엔진 → 클러치 → 변속기 → 앞차축 → 차동장치 → 앞차륜
③ 엔진 → 변속기 → 클러치 → 차동장치 → 뒤차축 → 뒷차륜
④ 엔진 → 변속기 → 차동장치 → 클러치 → 뒤차축 → 뒷차륜

해설 마찰 클러치가 장착된 지게차의 동력 전달경로 : 엔진 → 클러치 → 변속기 → 차동장치 → 앞차축 → 앞차륜

[정답] 01. ① 02. ① 03. ① 04. ② 05. ③ 06. ①

07 **지게차에서 토인을 조정할 수 있는 장치는?**

① 드래그 링크　② 변속기
③ 조향기어　④ 타이로드

해설 **타이로드** : 지게차에서 토인을 조정할 수 있는 장치

08 **지게차의 유압식 조향장치에서 조향실린더의 직선운동을 축의 중심으로 한 회전운동으로 바꾸어줌과 동시에 타이로드에 직선운동을 시켜 주는 장치는?**

① 스태빌라이저　② 드래그링크
③ 핑거보드　④ 벨 크랭크

해설 **벨 크랭크** : 지게차에서 조향실린더의 직선운동을 축의 중심으로 한 회전운동으로 바꾸어줌과 동시에 타이로드에 직선운동을 시켜 주는 장치

09 **지게차에서 카운터 웨이트의 역할에 대한 설명으로 가장 적절한 것은?**

① 엔진 출력을 향상시킨다.
② 지게차의 앞쪽에 설치되어 있다.
③ 지게차의 앞쪽에 집중되는 화물의 무게중심을 후방으로 이동시킨다.
④ 제동거리를 줄여준다.

해설 **카운터 웨이트** : 지게차의 뒤쪽에 설치되어 있으며 앞쪽에 집중되는 화물의 무게중심을 후방으로 이동시킨다.

10 **지게차의 유압을 빠르게 작동시켜 신속히 화물을 상승 및 적재시키거나 앞뒤 방향으로 서서히 화물에 근접시킬 때 사용하는 장치는?**

① 브레이크 페달　② 인칭조절 페달
③ 가속 페달　④ 감속 페달

해설 **인칭조절 페달** : 지게차의 유압을 빠르게 작동시켜 신속히 화물을 상승 및 적재시키거나 앞뒤 방향으로 서서히 화물에 근접시킬 때 사용하는 장치

11 **지게차의 작업장치 중 동력전달기구가 아닌 것은?**

① 트랜치호　② 리프트 실린더
③ 틸트 실린더　④ 리프트 체인

12 **지게차의 작업장치가 아닌 것은?**

① 캐리어　② 마스트
③ 자이언트 리퍼　④ 드럼 클램프

13 **지게차의 작업장치에 해당하지 않는 것은?**

① 붐　② 포크 무버
③ 사이드 시프트　④ 로테이팅 클램프

해설
- **포크 무버** : 좌·우 포크의 간격을 조정한다.
- **사이드 시프트** : 캐리지를 좌·우로 움직여 파렛트 간격을 맞춘다.
- **로테이팅 클램프** : 롤 모양의 화물을 눕히거나 세운다.

14 **지게차의 작업장치에 해당하지 않는 것은?**

① 브레이커　② 로테이팅 클램프
③ 힌지드 버킷　④ 사이드 시프트

15 **지게차의 작업장치가 아닌 것은?**

① 로드 스태빌라이저
② 태그라인
③ 베일 클램프
④ 힌지드 포크

[정답] 07. ④　08. ④　09. ③　10. ②　11. ①　12. ③　13. ①　14. ①　15. ②

16 **로테이팅 클램프에 대한 설명으로 옳은 것은?**

① 포크를 위·아래로 크게 기울여 드럼통과 같은 화물을 운반한다.
② 롤 모양의 화물을 눕히거나 세운다.
③ 캐리지를 좌·우로 움직여 파렛트 간격을 맞춘다.
④ 좌·우 포크의 간격을 조정한다.

해설 로테이팅 클램프는 롤 모양의 화물을 눕히거나 세우는 지게차의 작업장치이다.

17 **포크 무버에 대한 설명으로 옳은 것은?**

① 평면 암을 이용하여 좌·우로 화물을 고정시켜 파렛트 없이 운반한다.
② 캐리지를 좌·우로 움직여 파렛트 간격을 맞춘다.
③ 롤 모양의 화물을 눕히거나 세운다.
④ 좌·우 포크의 간격을 조정한다.

해설 포크 무버는 좌우 포크의 간격을 조정한다.

18 **지게차의 조종 레버에 대한 설명으로 적절하지 못한 것은?**

① 덤핑(dumping)
② 로어링(lowering)
③ 리프팅(lifting)
④ 틸팅(tilting)

해설 덤핑(dumping) : 굴착기, 로더 등에 해당하는 작업이다.

19 **지게차에서 조종레버의 종류가 아닌 것은?**

① 리프트 레버 ② 밸브 레버
③ 변속 레버 ④ 틸트 레버

해설 지게차의 조종레버
- **리프트 레버** : 마스트(또는 포크)를 상·하로 움직이기 위해 조작하는 레버
- **변속 레버** : 지게차를 전·후진으로 움직이기 위해 조작하는 레버
- **틸트 레버** : 마스트(또는 포크)를 전·후로 움직이기 위해 조작하는 레버

20 **지게차에서 리프트 레버의 기능에 대한 설명으로 옳은 것은?**

① 지게차의 마스트를 상·하로 움직이기 위해 조작하는 레버이다.
② 지게차의 마스트를 좌·우로 움직이기 위해 조작하는 레버이다.
③ 지게차의 마스트를 전·후로 움직이기 위해 조작하는 레버이다.
④ 지게차의 마스트를 360° 회전시키기 위해 조작하는 레버이다.

해설 리프트 레버 : 지게차의 마스트를 상·하로 움직이기 위해 조작하는 레버

21 **지게차의 마스트를 전·후로 움직이기 위해 조작하는 레버는?**

① 변속 레버 ② 리프트 레버
③ 포크 ④ 틸트 레버

해설 틸트 레버 : 지게차의 마스트를 전·후로 움직이기 위해 조작하는 레버

22 **지게차에서 리프트 실린더의 주된 역할은?**

① 마스트를 이동시킨다.
② 마스트를 틸트시킨다.
③ 포크를 상승 및 하강시킨다.
④ 마스트 전·후 경사각을 유지시킨다.

해설 리프트 실린더 : 포크를 상승 및 하강시킨다.

[정답] 16. ② 17. ④ 18. ① 19. ② 20. ① 21. ④ 22 ③

23 지게차에서 틸트 실린더의 기능에 대한 설명으로 가장 적절한 것은?

① 마스트의 전 · 후 경사각을 유지시킨다.
② 차체를 좌 · 우로 회전시킨다.
③ 차체의 수평을 유지시킨다.
④ 포크를 상 · 하로 이동시킨다.

해설 틸트 실린더는 마스트의 전 · 후 경사각을 유지시킨다.

24 지게차에서 틸트 실린더의 상승력이 저하되는 원인이 아닌 것은?

① 틸트 실린더에서 누유된다.
② 오일펌프가 불량하다.
③ 오일필터가 막혔다.
④ 유압유가 과다하다.

해설 틸트 실린더의 상승력이 저하되는 원인
- 틸트 실린더에서 누유된다.
- 오일펌프가 불량하다.
- 오일필터가 막혔다.
- 유압유가 과소하다.

25 지게차에서 리프트 실린더의 상승력이 부족한 원인이 아닌 것은?

① 오일펌프 불량
② 오일필터 막힘
③ 틸트 로크 밸브의 밀착 불량
④ 리프트 실린더에서 누유

26 지게차의 작업장치에서 포크가 한쪽으로 기울어졌다. 그 원인으로 가장 적절한 것은?

① 한쪽 실린더의 작동유가 부족함
② 한쪽 리프트의 실린더가 마모됨
③ 한쪽 체인이 늘어짐
④ 한쪽 롤러가 마모됨

해설 한쪽 체인이 늘어나면 포크가 한쪽으로 기울어질 수 있다.

27 지게차의 유압탱크를 점검하려고 한다. 점검 전 포크의 위치로 가장 적절한 것은?

① 포크를 중간 높이로 위치시킨 후 점검한다.
② 포크를 최대 높이로 위치시킨 후 점검한다.
③ 포크를 지면에 위치시킨 후 점검한다.
④ 최대적재량의 하중으로 포크를 지상으로부터 떨어지게 위치시킨 후 점검한다.

28 지게차의 체인장력을 조정하는 방법으로 틀린 것은?

① 체인장력 조정 후 잠금(lock) 너트를 풀어 준다.
② 손으로 체인을 눌렀을 때 양쪽이 다르면 조정 너트를 이용하여 조정한다.
③ 포크를 지상에서 약간 올린 후 조정한다.
④ 좌 · 우 체인이 동시에 평행한지 여부를 확인한다.

해설 체인장력을 조정 후 잠금(lock) 너트를 조인다.

[정답] 23. ① 24. ④ 25. ③ 26. ③ 27. ③ 28. ①

CHAPTER 2
화물 적재, 운반, 하역

01 지게차의 안전기준 및 작업수칙

(1) 지게차의 안전기준

① 지게차의 기준부하 상태에서 포크를 들어 올린 경우 하강작업 또는 유압계통의 고장에 의한 포크의 하강속도는 초당 0.6m 이하이어야 한다.

② 지게차의 기준무부하 상태인 경우 기울기가 20/100인 평탄하고 견고한 지면에서 정지 상태를 유지할 수 있어야 한다.

③ 지게차의 기준부하 상태인 경우 기울기가 15/100인 평탄하고 견고한 지면에서 정지 상태를 유지할 수 있어야 한다.

Tip

- **기준부하 상태** : 지면으로부터의 높이가 300mm인 수평 상태의 지게차의 포크 윗면에 최대 하중이 고르게 가해지는 상태
- **최대올림높이** : 지게차의 기준무부하 상태에서 지면과 수평 상태로 포크를 가장 높이 올렸을 때 지면에서 포크 윗면까지의 높이
- **마스트 전경각** : 지게차의 기준무부하 상태에서 지게차의 마스트를 포크 쪽으로 가장 기울인 경우 마스트가 수직면에 대하여 이루는 기울기

종 류	전경각	후경각
카운터밸런스 지게차	6° 이하	12° 이하
사이드포크평 지게차	5° 이하	5° 이하

(2) 지게차의 작업수칙

① 지게차의 운행 사항

㉠ 경사로에서는 급회전을 하면 안 된다.

㉡ 지게차의 중량 제한을 무시하면 안 된다.

㉢ 주행 시 노면 상태에 주의하고 노면이 고르지 않는 곳에서는 서행한다.

㉣ 화물이 백 레스트에 완전히 닿도록 틸트한 상태에서 주행한다.

② 지게차를 이용한 작업방법

㉠ 주행방향을 바꿀 시 완전 정지 상태 또는 저속 상태에서 주행한다.

㉡ 경사로에서는 후진으로 내려온다.

㉢ 조향륜(후륜)이 지면으로부터 떨어지지 않도록 밸런스 카운터 및 화물의 중량을 고려하여 작업한다.

㉣ 화물이 백 레스트에 완전히 닿도록 틸트한 상태에서 주행한다.

③ 지게차에 화물을 싣고 공장 또는 창고 출입 시 주의 사항

㉠ 차폭과 출입구의 폭을 확인해야 한다.

㉡ 주변 장애물을 확인한 후 이상이 없으면 출입한다.

㉢ 화물이 출입구 높이에 닿지 않도록 한다.

㉣ 차체 밖으로 몸 또는 팔을 내밀지 않는다.

④ 지게차를 이용하여 적재작업 및 운행 시 주의사항

㉠ 운반하려는 화물 근처에 가면 서서히 속도를 줄인다.

㉡ 화물 앞에서 일단 정지한 후 마스트를 수직으로 한다.

㉢ 화물의 파손 및 무너짐 등 위험요소를

확인한다.

㉣ 마스트를 전경시켜 포크를 끼워 물건을 싣는다.

㉤ 포크는 받침대(파레트)에 정확히 끼운다.(포크의 끝부분으로 화물을 들어올리지 않는다)

㉥ 포크를 지면에서 10cm 정도 들어 올려 화물의 안전상태와 편하중이 없는지 살핀다.

㉦ 마스트를 후경시키고 화물을 지면에서 20~30cm 정도 들어 후진 후 브레이크를 작동하여 동하중이 없는지 살핀 후 주변을 확인하며 서서히 출발한다.

㉧ 포크 밑으로 사람이 출입하지 못하게 한다.

㉨ 허용 과중을 초과한 화물을 싣지 않는다.

㉩ 무게중심을 유지하기 위하여 사람을 태우거나 중량물을 싣지 않도록 한다.

㉪ 화물을 싣거나 내릴 때(적재 및 하역) 차체가 기운 상태에서 작업하지 않는다.

⑤ **평지에서 지게차를 이용하여 하역작업 시 적절한 방법**

㉠ 화물 앞에 정지 후 마스트는 수직, 포크는 수평이 되도록 한다.

㉡ 파렛트에 올린 화물이 안정적으로 올려져 있는지 점검한다.

㉢ 포크를 화물을 내려놓을 위치보다 조금 위에 위치하게 한다.

㉣ 내려놓을 위치를 파악 후 천천히 위치를 잡는다.

㉤ 화물을 내린 후 포크를 조금 뺀 후에 다시 들어올려 정확한 위치에 내린다.

㉥ 포크를 뺄 때 접촉하지 않도록 주의하며 천천히 뺀다.

⑥ 지게차로 화물 운반 시 주의 사항

㉠ 경사지를 운전할 경우 화물을 위쪽으로 한다.

㉡ 가파른 경사로에서 화물을 운반할 경우 기어변속을 저속 상태에 놓고 후진으로 내려온다.

㉢ 화물 운반 거리는 100m 이내로 한다.

㉣ 지면으로부터 약 20~30cm 상승시킨 후 운전한다.

㉤ 노면 상태가 좋지 않을 경우 저속으로 운행한다.

㉥ 마스트를 뒤쪽으로 약 6° 정도 경사시켜서 운반한다.

⑦ 지게차 주차 시 주의 사항 및 안전수칙

㉠ 엔진을 정지한 후 주차 브레이크를 작동시킨다.

㉡ 엔진 시동을 정지시킨 후 시동 스위치의 키는 뺀다.

㉢ 지면에 포크의 앞쪽 부분이 닿도록 마스트를 전방으로 적절히 위치시킨다.

㉣ 지면에 포크를 완전히 닿게 한다.

㉤ 방향전환레버를 중립에 둔다.

㉥ 주차브레이크를 작동시킨다.

㉦ 포크를 바닥까지 완전히 내린다.

㉧ 경사면에 주차하지 않는다.

⑧ 지게차의 안전수칙

㉠ 엔진 정지 후 연료를 보충한다.

㉡ 안전벨트를 착용한다.

㉢ 과속하거나 급선회하지 않는다.

㉣ 지정좌석 외에는 탑승하지 않는다.

㉤ 작업반경 내 출입을 금지한다.

㉥ 포크에 와이어를 걸어서 화물을 매달지 않는다.

ⓢ 포크 상승 시 포크 아래에서 작업하지 않는다.
ⓞ 포크 위에 사람이 올라가지 않는다.
ⓩ 적재하중을 준수한다.
ⓒ 물체를 가능한 높이 올린 상태로 주행 및 선회하지 않는다.
ⓚ 화물을 한쪽으로 치우치게 적재하지 않는다.
ⓣ 화물을 적재하고 경사지를 내려갈 때는 운전 시야 확보를 위해 후진으로 운행한다.

⑨ 지게차의 일상 점검 사항
㉠ 작동유의 양 점검
㉡ 틸트 실린더의 누유 점검
㉢ 타이어 손상 및 공기압 점검
㉣ 배터리 커넥터 연결부의 헐거움 및 피복 벗겨짐 점검
㉤ 배터리 전해액 수준 점검
㉥ 계기판 표시장치 파손 점검
㉦ 각종 링크 및 핀의 마모 점검

출제 예상 문제

01 다음에서 ( ) 안에 들어갈 알맞은 말은?

> 지게차의 기준부하 상태에서 포크를 들어올린 경우 하강작업 또는 유압계통의 고장에 의한 포크의 하강속도는 초당 ( ) 이하이어야 한다.

① 0.4m　② 0.6m
③ 0.8m　④ 1.0m

해설 지게차의 기준부하 상태에서 포크를 들어올린 경우 하강작업 또는 유압계통의 고장에 의한 포크의 하강속도는 초당 0.6m 이하이어야 한다.

02 지게차의 기준부하 상태에 대한 설명으로 옳은 것은?

① 지면으로부터의 높이가 300mm인 수평 상태의 지게차의 포크 윗면에 최대하중이 고르게 가해지는 상태를 말한다.
② 지면으로부터의 높이가 500mm인 수평 상태의 지게차의 포크 윗면에 최대하중이 고르게 가해지는 상태를 말한다.
③ 지면으로부터의 높이가 300mm인 수평 상태의 지게차의 포크 윗면에 최소하중이 고르게 가해지는 상태를 말한다.
④ 지면으로부터의 높이가 500mm인 수평 상태의 지게차의 포크 윗면에 최대하중이 집중되어 가해지는 상태를 말한다.

해설 지게차의 기준부하 상태 : 지면으로부터의 높이가 300mm인 수평 상태의 지게차의 포크 윗면에 최대하중이 고르게 가해지는 상태

03 다음 중 지게차의 제동 능력에 대한 설명으로 옳은 것은?

① 지게차의 기준무부하 상태인 경우 기울기가 10/100인 평탄하고 견고한 지면에서 정지 상태를 유지할 수 있어야 한다.
② 지게차의 기준무부하 상태인 경우 기울기가 15/100인 평탄하고 견고한 지면에서 정지 상태를 유지할 수 있어야 한다.
③ 지게차의 기준부하 상태인 경우 기울기가 20/100인 평탄하고 견고한 지면에서 정지 상태를 유지할 수 있어야 한다.
④ 지게차의 기준부하 상태인 경우 기울기가 15/100인 평탄하고 견고한 지면에서 정지 상태를 유지할 수 있어야 한다.

해설
- 지게차의 기준무부하 상태인 경우 기울기가 20/100인 평탄하고 견고한 지면에서 정지 상태를 유지할 수 있어야 한다.
- 지게차의 기준부하 상태인 경우 기울기가 15/100인 평탄하고 견고한 지면에서 정지 상태를 유지할 수 있어야 한다.

04 사이드포크형 지게차의 마스트 전경각 기준으로 옳은 것은?

① 3° 이하　② 5° 이하
③ 12° 이하　④ 20° 이하

해설

종 류	전경각	후경각
카운터밸런스 지게차	6° 이하	12° 이하
사이드포크형 지게차	5° 이하	5° 이하

[정답] 01. ② 02. ① 03. ④ 04. ②

05 **지게차의 최대올림높이에 대한 설명으로 옳은 것은?**

① 지게차의 기준무부하 상태에서 지면과 수평 상태로 포크를 가장 높이 올렸을 때 지면에서 포크 아랫면까지의 높이를 말한다.
② 지게차의 기준부하 상태에서 지면과 수평 상태로 포크를 가장 높이 올렸을 때 지면에서 포크 아랫면까지의 높이를 말한다.
③ 지게차의 기준무부하 상태에서 지면과 수평 상태로 포크를 가장 높이 올렸을 때 지면에서 포크 윗면까지의 높이를 말한다.
④ 지게차의 기준부하 상태에서 지면과 수평 상태로 포크를 가장 높이 올렸을 때 지면에서 포크 윗면까지의 높이를 말한다.

해설 **최대올림높이** : 지게차의 기준무부하 상태에서 지면과 수평 상태로 포크를 가장 높이 올렸을 때 지면에서 포크 윗면까지의 높이

06 **마스트의 전경각에 대한 설명으로 옳은 것은?**

① 지게차의 기준부하 상태에서 지게차의 마스트를 포크 쪽으로 가장 기울인 경우 마스트가 수직면에 대하여 이루는 기울기
② 지게차의 기준무부하 상태에서 지게차의 마스트를 포크 쪽으로 가장 기울인 경우 마스트가 수직면에 대하여 이루는 기울기
③ 지게차의 기준부하 상태에서 지게차의 마스트를 포크 반대쪽으로 가장 기울인 경우 마스트가 수직면에 대하여 이루는 기울기
④ 지게차의 기준무부하 상태에서 지게차의 마스트를 포크 반대쪽으로 가장 기울인 경우 마스트가 수직면에 대하여 이루는 기울기

해설 **마스트 전경각** : 지게차의 기준무부하 상태에서 지게차의 마스트를 포크 쪽으로 가장 기울인 경우 마스트가 수직면에 대하여 이루는 기울기

07 **다음 중 지게차의 운행 사항에 대한 설명으로 틀린 것은?**

① 경사로에서는 급회전을 하면 안 된다.
② 지게차의 중량 제한은 필요시 무시해도 된다.
③ 주행 시 노면상태에 주의하고 노면이 고르지 않는 곳에서는 서행한다.
④ 화물이 백 레스트에 완전히 닿도록 틸트한 상태에서 주행한다.

해설 지게차의 중량 제한은 반드시 준수해야 한다.

08 **지게차를 이용한 작업방법에 대한 설명으로 틀린 것은?**

① 주행방향을 바꿀 시 완전 정지 상태 또는 저속 상태에서 주행한다.
② 경사로에서는 후진으로 내려온다.
③ 조향륜이 지면으로부터 5cm 이하로 떨어졌을 시 밸런스 카운터 중량을 증가시킨다.
④ 화물이 백 레스트에 완전히 닿도록 틸트한 상태에서 주행한다.

해설 조향륜이 지면으로부터 떨어지지 않도록 밸런스 카운터 및 화물의 중량을 고려하여 작업한다.

[정답] 05. ③ 06. ② 07. ② 08. ③

09 **지게차에 화물을 싣고 공장 또는 창고를 출입할 때 주의 사항이 아닌 것은?**

① 차폭과 출입구의 폭은 확인하지 않아도 된다.
② 주변 장애물을 확인한 후 이상이 없으면 출입한다.
③ 화물이 출입구 높이에 닿지 않도록 한다.
④ 차체 밖으로 몸 또는 팔을 내밀지 않는다.

해설 지게차에 화물을 싣고 공장 또는 창고를 출입할 때는 차폭과 출입구의 폭을 확인해야 한다.

10 **평지에서 지게차를 이용하여 하역작업할 때 적절한 방법이 아닌 것은?**

① 화물 앞에 정지 후 마스트가 수직이 되도록 한다.
② 불안전한 적재 시에는 신속하게 작업을 진행한다.
③ 파렛트에 올린 화물이 안정되게 올려져 있는지 점검한다.
④ 포크를 삽입하고자 하는 위치와 평행하게 한다.

해설 적재 시에는 천천히 작업을 진행한다.

11 **다음 중 지게차로 화물 운반 시 주의 사항이 아닌 것은?**

① 경사지를 운전할 경우 화물을 위쪽으로 한다.
② 화물운반거리는 5m 이내로 한다.
③ 지면으로부터 약 20~30cm 상승시킨 후 운전한다.
④ 노면상태가 좋지 않을 경우 저속으로 운행한다.

해설 지게차로 화물을 운반할 때 화물운반거리는 100m 이내로 한다.

12 **지게차로 화물을 운반하고자 한다. 이때 마스트 경사각으로 가장 적절한 것은?**

① 앞쪽으로 약 6°
② 뒤쪽으로 약 6°
③ 앞쪽으로 약 12°
④ 뒤쪽으로 약 12°

해설 마스트를 뒤쪽으로 약 6° 정도 경사시켜서 운반한다.

13 **지게차를 이용하여 화물을 운반하는 경우 가장 적절한 것은?**

① 마스트를 약 6° 정도 뒤로 경사시켜서 운반한다.
② 샤퍼를 약 6° 정도 뒤로 경사시켜서 운반한다.
③ 바이브레이터를 약 8° 정도 뒤로 경사시켜서 운반한다.
④ 댐퍼를 약 13° 정도 뒤로 경사시켜서 운반한다.

14 **지게차가 적재상태일 때 마스트 경사로 적절한 것은?**

① 앞으로 기울어지게 한다.
② 뒤로 기울어지게 한다.
③ 좌측으로 기울어지게 한다.
④ 우측으로 기울어지게 한다.

해설 지게차가 적재상태일 때 마스트를 뒤로 기울어지게 한다.

[정답] 09. ① 10. ② 11. ② 12. ② 13. ① 14. ②

15 **지게차에 화물을 적재한 후 주행하고자 한다. 이때 포크와 지면과의 간격은 몇 cm가 가장 적절한가?**

① 20~30cm ② 40~50cm
③ 60~70cm ④ 70~80cm

해설 지게차에 화물을 적재하고 주행할 때 포크와 지면과의 간격은 20~30cm가 가장 적절하다.

16 **지게차를 이용하여 적재작업을 할 때 주의 사항이 아닌 것은?**

① 화물을 높이 들어 하단부분을 확인하며 서서히 출발한다.
② 화물 앞에서 일단 정지한다.
③ 운반하려는 화물 근처에 가면 서서히 속도를 줄인다.
④ 화물의 파손 및 무너짐 등 위험요소를 확인한다.

해설 화물을 지면에서 20~30cm 정도 들어 주변을 확인하며 서서히 출발한다.

17 **가파른 경사로에서 지게차를 이용하여 화물을 운반할 때 가장 적절한 방법은?**

① 변속 레버를 중립 놓고 내려온다.
② 기어 변속을 저속 상태에 놓고 후진으로 내려온다.
③ 화물을 앞쪽으로 하여 천천히 내려온다.
④ 지그재그로 회전하면서 내려온다.

18 **지게차를 주차시키는 경우 지면으로부터 포크의 적절한 위치는?**

① 지상으로부터 20cm
② 지상으로부터 30cm
③ 아무 위치나 관계없다.
④ 지면에 내려놓는다.

해설 지게차를 주차시키는 경우 포크를 지면에 내려놓는다.

19 **지게차 주차 시 주의 사항이 아닌 것은?**

① 엔진을 정지한 후 주차 브레이크를 작동시킨다.
② 엔진 시동을 정지시킨 후 시동 스위치의 키는 그대로 꽂아둔다.
③ 지면에 포크의 앞쪽 부분이 닿도록 마스트를 전방으로 적절히 위치시킨다.
④ 지면에 포크를 완전히 닿게 한다.

해설 지게차 주차 시 엔진 시동을 정지시킨 후 시동 스위치의 키는 뺀다.

20 **지게차를 주차할 때 안전수칙에 대한 설명 중 틀린 것은?**

① 방향전환레버를 중립에 둔다.
② 주차브레이크를 해제시킨다.
③ 포크를 바닥까지 완전히 내린다.
④ 경사면에 주차하지 않는다.

해설 지게차를 주차할 때는 주차브레이크를 작동시킨다.

21 **다음 중 지게차의 안전수칙에 대한 설명 중 틀린 것은?**

① 엔진 정지 후 연료를 보충한다.
② 안전벨트를 착용한다.
③ 물체를 가능한 한 높이올린 상태로 주행 및 선회한다.
④ 주행 중 급선회를 하지 않는다.

해설 물체를 가능한 한 높이올린 상태로 주행 및 선회하지 않는다.

[정답] 15. ① 16. ① 17. ② 18. ④ 19. ② 20. ② 21. ③

22 지게차의 작업안전수칙에 대한 설명으로 옳은 것은?

① 작업반경 내 출입을 허용한다.
② 포크에 와이어를 걸어서 화물을 매달아도 된다.
③ 포크 상승 시 포크 아래에서 작업해도 된다.
④ 포크 위에 사람이 올라가지 않는다.

해설
- 작업반경 내 출입을 금지한다.
- 포크에 와이어를 걸어서 화물을 매달지 않는다.
- 포크 상승 시 포크 아래에서 작업하지 않는다.

23 지게차의 작업안전수칙에 대한 설명으로 틀린 것은?

① 화물을 한쪽으로 치우치게 적재한다.
② 적재하중을 준수한다.
③ 과속하거나 급선회하지 않는다.
④ 지정좌석 외에는 탑승하지 않는다.

해설 화물을 한쪽으로 치우치게 적재하지 않는다.

24 지게차 작업 시 안전수칙에 대한 설명으로 틀린 것은?

① 포크를 이용하여 사람을 싣거나 들어 올리지 않는다.
② 경사지를 오르거나 내려올 때는 급회전을 금한다.
③ 화물을 적재하고 경사지를 내려갈 때는 운전 시야 확보를 위해 전진으로 운행한다.
④ 주차 시 포크를 완전히 지면에 내린다.

해설 화물을 적재하고 경사지를 내려갈 때는 운전 시야 확보를 위해 후진으로 운행한다.

25 지게차의 일상 점검 사항으로 가장 적절하지 못한 것은?

① 차체의 변형 점검
② 작동유의 양 점검
③ 타이어 손상 및 공기압 점검
④ 배터리 커넥터 연결부의 헐거움 및 피복 벗겨짐 점검

해설 지게차의 일상 점검 사항
- 작동유의 양 점검
- 틸트 실린더의 누유 점검
- 타이어 손상 및 공기압 점검
- 배터리 커넥터 연결부의 헐거움 및 피복 벗겨짐 점검
- 배터리 전해액 수준 점검
- 계기판 표시장치 파손 점검
- 각종 링크 및 핀의 마모 점검 등

[정답] 22. ④ 23. ① 24. ③ 25. ①

CHAPTER 3
안전관리

01 산업안전일반

(1) **도수율(빈도율)** : 연 100만 근로 시간 당 재해발생 건수

(2) **강도율** : 연 1,000 근로 시간 당 근로손실 일수

(3) **천인율** : 근로자수 1,000명당 발생하는 재해자 수의 비율

(4) **연천인율** : 근로자 1,000명당 연간 발생하는 재해자 수

(5) **안전점검의 종류**

① 일상 점검의 대상

㉠ 환경적인 면 : 청결상태, 작업장소, 조명, 환기, 온도, 습도 등

㉡ 관리적인 면 : 작업순서, 작업내용, 작업방법, 안전수칙 등

㉢ 물적인 면 : 공구, 기계기구 설비, 전기시설 등

㉣ 인적인 면 : 기능상태, 건강상태, 자격적정배치, 보호구 착용 등

② 안전사고 및 부상의 종류

㉠ 경상해 : 부상으로 인해 1일 이상 7일 이하의 노동 손실을 가져온 상해 정도

㉡ 중상해 : 부상으로 인해 8일 이상의 노동 손실을 가져온 상해 정도

㉢ 사망 : 업무로 인해 목숨을 잃게 된 경우

㉣ 무상해 사고 : 응급처치 이하의 상처로 작업에 종사하면서 치료를 받는 상해 정도

③ 사고로 인한 재해가 가장 많이 발생하는 것 : 벨트, 풀리

(6) **화재**

① 연소의 3요소 : 가연물, 점화원, 산소

② 화재의 분류

A급화재	일반화재(목재, 종이, 천 등 고체 가연물 화재)
B급화재	기름화재(휘발유, 벤젠 등 유류 화재)
C급화재	전기화재
D급화재	금속화재

③ 소화 방법

㉠ 가연물질의 공급을 차단한다.

㉡ 점화원을 발화점 온도 이하로 낮춘다.

㉢ 산소 공급을 차단한다.

㉣ 유류화재일 경우 모래 혹은 흙을 뿌린다.

④ 유기용제 취급장소의 색채

㉠ 제1종 유기용제 : 빨강

㉡ 제2종 유기용제 : 노랑

㉢ 제3종 유기용제 : 파랑

02 기계 · 기기 및 공구에 관한 사항

(1) 다이얼 게이지 사용 시 주의 사항

① 측정 면에 직각으로 설치해야 한다.
② 스핀들에 주유하거나 그리스로 도포하지 않고 보관한다.
③ 0점 조정하여 측정한다.
④ 게이지에 충격을 가하지 않는다.

(2) 마이크로미터 사용 시 안전 사항

① 눈금 읽을 때 시차를 작게하기 위해 수직 위치에서 읽는다.
② 떨어뜨리거나 충격을 가하지 않는다.
③ 온도변화가 작은 곳에 보관한다.
④ 앤빌(Anvil Block, 모루)과 스핀들을 서로 접촉하지 않은 상태에서 보관한다.

(3) 렌치 사용 시 주의 사항

① 스패너를 사용할 때는 몸 앞으로 당긴다.
② 스패너를 사용할 때는 조금씩 돌린다.
③ 반드시 파이프 렌치는 둥근 물체만 사용한다.
④ 스패너의 자루가 짧을 때는 연결대, 긴 파이프 등을 꽂고 사용하면 안 된다.

(4) 선반작업 시 안전수칙

① 내경작업 중 구멍에 손가락을 넣어 점검하지 않는다.
② 선반의 바이트는 끝을 짧게 설치한다.
③ 공구대 위 또는 선반의 베드 위에 공구 및 측정기를 올려놓지 않는다.
④ 기계를 정지시킨 후 치수를 측정한다.

(5) 드릴작업 시 안전 사항

① 머리카락이 긴 작업자의 경우 머리카락을 단정하게 하고 작업모를 착용한다.
② 드릴 작업 시 장갑을 끼고 작업하지 않는다.
③ 공작물을 완전히 고정시킨다.
④ 입으로 쇳가루를 불지 않는다.

(6) 드릴링 머신을 이용한 탭 작업 시 탭의 파손원인

① 레버에 과도하게 힘을 주었을 때
② 탭의 경도가 소재보다 작을 때
③ 구멍이 똑바르지 않을 때
④ 구멍 밑바닥에 탭 끝이 닿았을 때

(7) 드라이버 사용 시 주의 사항

① 전기작업 시 금속 부분이 자루 밖으로 나와 있으면 안 된다.
② 홈의 폭과 날 끝의 길이가 같은 것을 사용한다.
③ 날 끝은 수평이어야 한다.
④ 작은 부품도 두 손으로 잡고 안전하게 사용한다.

(8) 연삭기 사용 시 안전수칙

① 숫돌 커버를 열고 작업하지 않는다.
② 숫돌과 받침대와의 간격은 3mm 이내로 유지한다.
③ 소형 숫돌은 측압이 작기 때문에 되도록 측면 활용을 하지 않는다.
④ 해당 기계의 규정된 숫돌차를 사용한다.

(9) 연삭작업 시 안전 사항

① 숫돌과 받침대와의 간격은 3mm 이내로 유지한다.
② 숫돌의 표면이 과다하게 변형된 것은 반드시 수정한다.
③ 나무 해머로 숫돌을 가볍게 두들겼을 때 맑은 음이 들리면 정상이다.
④ 연삭기의 받침대는 숫돌차의 중심선과 같게 한다.

(10) 줄작업 시 유의 사항

① 공작물을 바이스에 확실하게 고정한다.
② 몸쪽으로 밀 때만 힘을 가한다.
③ 절삭가루는 솔로 털어낸다.
④ 날이 메워지면 와이어 브러시로 털어낸다.

(11) 해머작업 시 안전 사항

① 녹슨 것을 타격할 때 보안경을 착용한다.
② 해머의 타격면에 기름을 바르지 않는다.
③ 타격하려는 곳에 시선을 고정시킨다.
④ 처음에는 서서히 타격한다.

(12) 해머작업 시 주의 사항

① 녹슨 것을 타격할 시 반드시 보안경을 착용한다.
② 장갑을 끼지 않고 해머작업을 한다.
③ 손상된 해머를 사용하지 않는다.
④ 반드시 주위를 살핀 후 해머를 타격한다.

(13) 동력조향장치 분해·정비작업 간 안전 사항

① 반드시 건설기계장비의 시동이 정지된 것을 확인 후에 탈거·조립한다.
② 오일 출입구의 유압호스를 탈거할 때 먼지 등 이물질이 유입되지 않도록 주의한다.
③ 유압실린더의 로드를 움직이면 유압유가 나오므로 주의하여 작업한다.
④ 오일실은 신품으로 교환하고, 그 외 각종 부품은 경유로 세척한다.

(14) 전기장치 정비 시 주의 사항

① 직류전압을 측정할 때 선택 스위치는 DCV에 놓는다.
② 배터리 케이블은 각종 스위치를 모두 끄고 난 후 분리한다.
③ 전류계는 직렬로 연결하고 전압계는 병렬로 연결한다.
④ 전기장치는 세척하면 안 된다.

(15) 장갑을 착용하지 않고 작업을 해야 하는 작업

① 연삭작업
② 해머작업
③ 정밀기계작업
④ 드릴작업

03 작업 안전

(1) 도로 굴착

① 도시가스가 공급되는 지역에서 지하차도 굴착공사를 하고자 하는 경우 가스안전 영향평가를 작성하여 시장, 군수 또는 구청장에게 제출해야 함

② 가스안전 영향평가서를 작성해야 하는 공사 : 가스배관이 통과하는 지하보도

③ 도로 굴착 중 도시가스 보호포가 나온 경우 매설된 도시가스 배관의 압력
   ㉠ 황색 : 저압(0.1MPa 미만)
   ㉡ 적색 : 중압(0.1MPa 이상 1MPa 미만) 이상
   ※ 지상배관은 가스압력과 관계없이 황색으로 표시함

④ 도로 굴착자는 되메움 공사를 끝낸 후 도시가스 배관의 손상을 방지하기 위해 최소 3개월 이상 침하유무 확인

⑤ 도시가스 관련법상 가스배관과의 수평거리 30cm 이내에서 파일박기 금지

⑥ 도시가스 배관 주위에 상수도관을 매설 시 최소한 도시가스 배관과 30cm 이상 이격

⑦ 도시가스 배관을 아파트 단지 내 도로에 매설 시 배관 상부와 지면과 최소 0.6m 이격

⑧ 지중전선로 중 직접 매설식에 의해 시설할 경우 토관의 깊이를 최소 0.6m 이상(단, 차량 및 기타 중량물의 압력을 받을 우려는 없는 장소임)

⑨ 굴착 시 공동주택 등의 부지 내일 경우 도시가스배관 지하매설 심도 : 0.6m 이상

⑩ 굴착 시 도로폭이 4m 이상 8m 미만일 경우 도시가스배관 지하매설 심도 : 1m 이상

⑪ 굴착 시 도로폭 8m 이상 도로일 경우 도시가스배관 지하매설 심도 : 1.2m 이상

⑫ 도로 굴착자가 가스배관 매설위치 확인 시 인력으로 굴착해야 하는 범위 :
가스배관의 주위 1m 이내

⑬ 도시가스 배관 주위에서 굴착장비 등으로 작업 시 준수사항
   ㉠ 가스배관 주위 1m까지는 장비로 작업 가능
   ㉡ 가스배관 좌우 1m 이내에서는 장비작업을 금하고 인력으로 작업해야 함
   ㉢ 가스배관 주위 1m 이내에서는 어떤 장비의 작업도 금지함
   ㉣ 가스배관 주위 1m까지는 사람이 직접 확인할 경우 굴착기 등으로 작업할 수 있음

⑭ 도시가스 배관 매설 시 라인마크는 배관길이 최소 50m마다 1개 이상 설치

⑮ 도로 굴착작업 중 전력케이블 표지시트 발견 시 조치방법
   ㉠ 즉시 굴착작업을 중지하고 해당설비 관리자에게 연락 후 그 지시를 따름
   ㉡ 전력케이블 표지시트는 차도에서 지표면 아래 30cm 깊이에 설치되어 있음

(2) 전기공사

① 154kV 송전선로에 대한 안전거리 : 160cm 이상

② A의 명칭 : 현수애자
   ※ **현수애자** : 가공전선을 지지하기 위한 것이며, 전기적으로 절연하기 위해 사용함

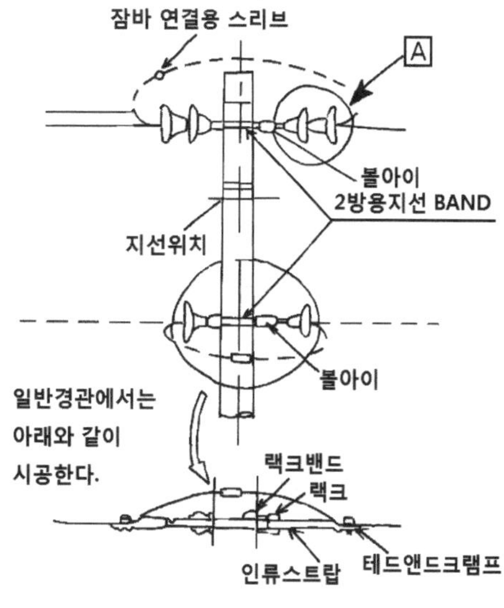

③ 고압 가공전선로 주상변압기를 설치 시 높이 'H'는 시가지에서 4.5m, 시가지 외에서 4m

④ **접지 설비** : 전기기기로 인한 감전 사고를 방지하기 위해 필요한 가장 중요한 설비

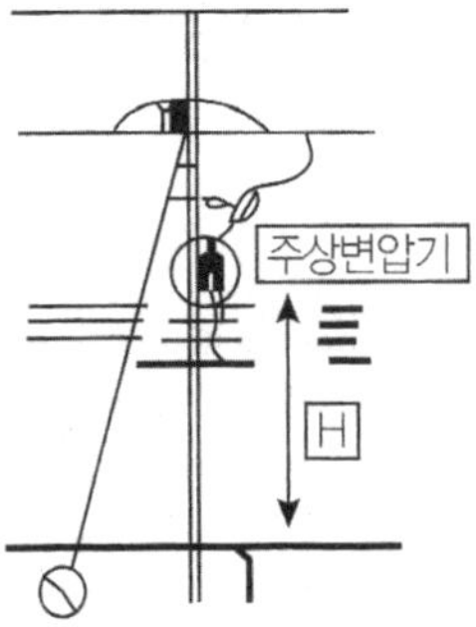

(3) 가스 용접

① 아세틸렌가스 용기의 취급 방법

㉠ 전도, 전락 방지 조치를 할 것
㉡ 충전용기와 빈 용기는 명확히 구분하여 각각 보관할 것
㉢ 용기의 온도는 40℃ 이하로 할 것
㉣ 용기는 반드시 세워서 보관 할 것

② 가스 용접기에서 사용되는 색상

㉠ **녹색** : 산소 용기, 산소 호스(도관)의 색상
㉡ **청색** : 이산화탄소 용기의 색상
㉢ **황색** : 아세틸렌 용기의 색상
㉣ **적색** : 아세틸렌 호스(도관), 수소 용기의 색상

③ 가스용접 시 안전 사항

㉠ 토치 끝으로 용접물의 위치를 바꾸면 안 됨
㉡ 용접 가스를 들이 마시지 않도록 함
㉢ 토치에 점화시킬 때 아세틸렌 밸브를 먼저 열고 그 다음 산소 밸브를 엶
㉣ 산소누설 시험은 비눗물을 사용함

④ 아세틸렌 가스용접의 특징

㉠ 불꽃의 온도와 열효율이 낮음
㉡ 이동이 편리함
㉢ 유해광선이 아크용접보다 적게 발생함
㉣ 설비비가 저렴함

04 안전 · 보건 표지

(1) 안전 · 보건표지의 종류와 형태

① **금지표지(8종)** : 기본모형은 빨간색, 바탕은 흰색, 부호 및 그림은 검은색

출입금지	사용금지	금연	화기금지

보행금지	탑승금지	차량통행금지	물체이동금지

② 안내표지(8종) : 바탕은 녹색, 부호 및 그림은 흰색

녹십자 표지	응급구호 표지	비상용 기구	들것

세안장치	비상구	좌측 비상구	우측 비상구

③ 경고표지(15종) : 기본모형은 검은색 · 빨간색, 바탕은 노란색 · 무색, 부호 및 그림은 검은색

위험장소 경고	낙하물 경고	인화성물질 경고	산화성물질 경고

폭발성물질 경고	발암성 · 생식독성 · 전신독성 · 변이원성 호흡기 과민성 물질 경고		급성독성물질 경고

부식성물질 경고	방사성물질 경고	고온경고	저온경고

매달린물체 경고	몸균형상실 경고	레이저광선 경고	고압전기 경고

④ 지시표지(9종) : 바탕은 파란색, 그림은 흰색

보안경 착용	안전모 착용	귀마개 착용	방진마스크 착용	안전복 착용

안전화 착용	안전장갑 착용	보안면 착용	방독마스크 착용	

(2) 안전 · 보건표지에서 색채와 용도

색 채	용 도	표시 장소
빨간색	경고	화학물질 취급장소에서의 유해 · 위험 경고
	금지	정지신호, 소화설비 및 그 장소, 유해행위의 금지
노란색	경고	화학물질 취급장소에서의 유해 · 위험 경고 이외의 위험경고, 주의표지 또는 기계방호
파란색(청색)	지시	특정행위의 지시 및 사실의 고지
녹색	안내	비상구 및 피난소, 사람 또는 차량의 통행표시
백색(흰색)	–	파란색 또는 녹색에 대한 보조색
검정색		문자 및 빨간색 또는 노란색에 대한 보조색
보라색(자주색)		방사능 등의 표시에 사용

출제 예상 문제

01 연 100만 근로 시간당 몇 건의 재해가 발생했는가의 재해율 산출은?

① 천인율 ② 강도율
③ 연천인율 ④ 도수율

해설
- 천인율 : 근로자 1,000명당 발생하는 재해자 수의 비율
- 강도율 : 연 1000 근로 시간당 근로손실 일수
- 연천인율 : 근로자 1,000명당 연간 발생하는 재해자 수

02 안전사고와 부상의 종류 중 재해의 분류상 중상해란 어느 정도의 상해를 말하는가?

① 부상으로 인해 1일 이상 7일 이하의 노동 손실을 가져온 상해 정도
② 부상으로 인해 8일 이상의 노동 손실을 가져온 상해 정도
③ 응급처치 이하의 상처로 작업에 종사하면서 치료를 받는 상해 정도
④ 업무로 인해 목숨을 잃게 된 경우

해설
- 경상해 : 부상으로 인해 1일 이상 7일 이하의 노동 손실을 가져온 상해 정도
- 무상해 사고 : 응급처치 이하의 상처로 작업에 종사하면서 치료를 받는 상해 정도
- 사망 : 업무로 인해 목숨을 잃게 된 경우

03 다음 중 사고의 직접적인 원인으로 가장 적합한 것은?

① 불안전한 행동 및 상태
② 유전적인 요소
③ 성격 결함
④ 사회적 환경 요인

04 재해발생의 원인이 아닌 것은?

① 관리감독 소홀
② 올바르지 못한 작업방법
③ 작업장치 회전반경 내 출입금지
④ 방호장치의 기능 제거

05 ILO(국제노동기구)의 구분에 의한 근로 불능 상해의 종류 중 응급조치상해는 얼마간 치료를 받은 다음부터 정상작업에 임할 수 있는 정도의 상해를 의미하는가?

① 1일 미만 ② 3일 미만
③ 5일 미만 ④ 10일 미만

06 산업재해 조사의 목적에 대한 설명으로 옳은 것은?

① 적절한 예방 대책을 수립하기 위해
② 재해 발생에 대한 통계를 작성하기 위해
③ 재해 유발자에 대한 처벌을 위해
④ 작업능률 향상과 근로 기강 확립을 위해

07 전기화재에 해당하는 것은?

① A급화재 ② B급화재
③ C급화재 ④ D급화재

해설
화재의 종류
- A급화재 : 일반화재
- B급화재 : 유류화재
- D급화재 : 금속화재

08 전기화재 발생 시 적절하지 못한 소화장비는?

① CO_2 소화기 ② 물
③ 분말 소화기 ④ 모래

[정답] 01. ④ 02. ② 03. ① 04. ③ 05. ① 06. ① 07. ③ 08. ②

09 **운전 중인 엔진에서 화재가 발생하였다. 그 소화 작업으로 가장 먼저 취해야 할 안전한 방법은?**

① 점화원을 차단한다.
② 원인을 분석하고 모래를 뿌린다.
③ 엔진을 가소(假燒)하여 팬의 바람을 끈다.
④ 경찰에 신고한다.

해설 ※ **가소(假燒)** : 물질에 열을 가하여 휘발성 성분을 없애는 일

10 **소화 작업의 기본적인 요소에 대한 설명으로 틀린 것은?**

① 연료를 기화시킨다.
② 점화원을 제거한다.
③ 산소를 차단한다.
④ 가연물질을 제거한다.

해설 연료를 제거시킨다.

11 **다음 중 소화작업에 대한 설명으로 적절하지 않은 것은?**

① 가스 밸브를 잠그고 전기 스위치를 끈다.
② 배선 부근에 물을 뿌릴 경우 전기가 통하는지 여부를 확인 후에 한다.
③ 화재가 일어나면 화재 경보를 한다.
④ 키바이드 및 유류에는 물을 뿌린다.

12 **소화설비를 설명한 내용 중 틀린 것은?**

① 분말소화설비는 미세한 분말소화제를 화염에 방사시켜 화재를 진화시킨다.
② 포말소화설비는 저온 압축한 질소가스를 방사시켜 화재를 진화시킨다.
③ 이산화탄소소화설비는 질식작용에 의해 화염을 진화시킨다.
④ 물분무소화설비는 연소물의 온도를 인화점 이하로 냉각시키는 효과가 있다.

해설 포말소화설비는 거품을 덮어서 공기를 차단하여 화재를 진화시킨다.

13 **수공구의 올바른 사용방법으로 틀린 것은?**

① 공구를 청결하게 하여 보관할 것
② 공구를 취급 시 올바른 방법으로 사용할 것
③ 공구는 지정된 장소에 보관할 것
④ 공구는 사용 전·후로 오일을 발라 둘 것

해설 공구는 사용 전·후로 면 걸레로 깨끗이 닦아두어야 한다.

14 **스패너 사용 시 유의 사항으로 틀린 것은?**

① 보관 시 방청제를 바르고 건조한 곳에 보관한다.
② 파이프 등의 연장대를 끼워서 사용한다.
③ 녹이 생긴 볼트·너트에는 오일을 넣어 스며들게 한 후 돌린다.
④ 지렛대용으로 사용하지 않는다.

15 **다음 중 토크렌치의 사용방법으로 가장 올바른 것은?**

① 왼손은 렌치 중간 지점을 잡고 돌리며 오른손은 지지점을 누르고 게이지 눈금을 확인한다.
② 오른손은 렌치 끝을 잡고 돌리며 왼손은 지지점을 누르고 게이지 눈금을 확인한다.
③ 렌치 끝을 한 손으로 잡고 돌리면서 게이지 눈금을 확인한다.
④ 렌치 끝을 양손으로 잡고 돌리면서 게이지 눈금을 확인한다.

[정답] 09. ① 10. ① 11. ④ 12. ② 13. ④ 14. ② 15. ②

16 **렌치작업 시 옳지 못한 행동은?**

① 스패너는 조금씩 돌리며 사용할 것
② 파이프 렌치는 반드시 둥근 물체에만 사용할 것
③ 스패너는 앞으로 당기며 사용할 것
④ 스패너의 자루가 짧다고 느낄 때는 반드시 둥근 파이프로 연결할 것

해설 렌치작업을 할 때 파이프 등과 같은 연장대를 연결하여 사용하면 안 된다.

17 **렌치작업 시 주의 사항이 아닌 것은?**

① 높거나 좁은 위치에서는 몸의 자세를 안정되게 작업한다.
② 너트보다 큰 치수를 사용한다.
③ 렌치를 해머로 두드려서는 안 된다.
④ 렌치를 너트에 깊이 물린다.

해설 렌치작업을 할 때는 너트에 딱 맞는 치수를 사용한다.

18 **오픈 엔드 렌치보다 복스 렌치를 많이 사용하는 이유로 가장 적절한 것은?**

① 저렴하기 때문이다.
② 가볍기 때문이다.
③ 볼트 및 너트를 완전히 감싸므로 사용 중에 미끄러지지 않기 때문이다.
④ 다양한 크기의 볼트 및 너트에 사용할 수 있기 때문이다.

19 **다음 중 연삭기를 안전하게 사용하는 방법이 아닌 것은?**

① 숫돌 덮개 설치 후 작업
② 숫돌 측면 사용 제한
③ 숫돌과 받침대와의 간격을 가능한 넓게 유지
④ 보안경과 방진마스크 사용

해설 숫돌과 받침대와의 간격을 3mm 이내로 유지해야 한다.

20 **건설기계의 안전 사항으로 틀린 것은?**

① 작업장의 바닥은 보행에 지장을 주지 않도록 청결하게 유지한다.
② 회전부분(기어, 벨트, 체인) 등은 위험하므로 반드시 커버를 씌운다.
③ 엔진, 발전기, 용접기 등 장비는 한곳에 모아서 배치한다.
④ 작업장의 통로는 근로자가 안전하게 다닐 수 있도록 정리한다.

21 **기계설비의 위험성 중 접선물림점(Tangential Point)과 가장 관련 없는 것은?**

① 체인벨트 ② 기어와 랙
③ 커플링 ④ V벨트

22 **벨트 취급 시 안전 사항에 대한 설명 중 틀린 것은?**

① 벨트의 회전을 정지시킬 때 손으로 잡는다.
② 회전을 완전히 멈춘 상태에서 벨트를 교환한다.
③ 고무벨트에는 기름이 묻지 않도록 한다.
④ 적당한 벨트 장력을 유지시킨다.

해설 벨트의 회전을 정지시킬 때 손으로 잡으면 안된다.

23 **팬벨트를 교체할 때 엔진의 어떤 상태에서 작업해야 하는가?**

① 정지 상태 ② 저속 상태
③ 중속 상태 ④ 고속 상태

해설 팬벨트를 교체할 때 엔진정지 상태에서 작업해야 한다.

[정답] 16. ④ 17. ② 18. ③ 19. ③ 20. ③ 21. ③ 22. ① 23. ①

24 **풀리(Pulley)에 벨트를 걸 때 어떤 상태에서 걸어야 하는가?**

① 저속으로 회전 상태
② 회전이 정지한 상태
③ 중속으로 회전 상태
④ 고속으로 회전 상태

해설 풀리(Pulley)에 벨트를 걸 때 회전이 정지한 상태에서 걸어야 한다.

25 **장갑을 착용하면 안 되는 작업은?**

① 용접작업　　② 차량정비작업
③ 해머작업　　④ 청소작업

해설 해머작업 시 장갑을 착용하면 손에서 해머가 미끄러질 우려가 있기 때문에 맨손으로 작업해야 한다.

26 **해머작업에 대한 설명으로 틀린 것은?**

① 자루가 단단한 것을 사용한다.
② 장갑을 끼지 않는다.
③ 적절한 무게의 해머를 사용한다.
④ 처음부터 해머를 힘차게 때린다.

27 **반드시 보호 안경을 착용하고 작업할 때와 가장 거리가 먼 것은?**

① 차체에서 변속기를 탈거할 때
② 그라인더를 사용할 때
③ 정밀한 조종 작업을 할 때
④ 산소용접을 할 때

28 **방진마스크를 착용해야 하는 작업장은?**

① 분진이 많은 작업장
② 소음이 심한 작업장
③ 산소가 결핍되기 쉬운 작업장
④ 온도가 낮은 작업장

29 **작업장 환경 개선과 가장 거리가 먼 것은?**

① 조명을 밝게 한다.
② 소음을 줄인다.
③ 채광을 좋게 한다.
④ 부품으로 모두 신품으로 교환한다.

30 **작업장의 안전 관리에 대한 설명으로 틀린 것은?**

① 바닥은 폐유를 뿌려 먼지 등이 일어나지 않도록 한다.
② 작업대 사이, 또는 기계 사이의 통로는 안전을 위한 일정한 너비가 필요하다.
③ 전원 콘센트 및 스위치 등에 물을 뿌리지 않는다.
④ 항상 청결하게 유지한다.

31 **사용한 공구를 정리하여 보관할 때 가장 옳은 것은?**

① 기름이 묻은 공구는 물로 깨끗이 씻어서 보관한다.
② 사용한 공구는 면 걸레로 깨끗이 닦아서 지정된 곳에 보관한다.
③ 사용한 공구는 녹슬지 않게 기름칠하여 작업대 위에 진열해 놓는다.
④ 사용한 공구는 종류별로 묶어서 보관한다.

32 **화물 하중을 직접 지지하는 와이어로프의 안전계수는 몇 이상인가?**

① 3 이상　　② 5 이상
③ 8 이상　　④ 10 이상

해설
- 안전계수 = 파단하중 ÷ 최대사용하중
- 권상용 와이어로프 또는 달기 체인의 안전계수는 5 이상이다.

[정답] 24. ② 25. ③ 26. ④ 27. ③ 28. ① 29. ④ 30. ① 31. ② 32. ②

33 일정 규모 이상의 지진이 발생한 후 크레인 작업을 하고자 할 때 사전에 크레인 각 부위를 점검해야 한다. 이때 지진의 규모는 어느 정도 이상인가?

① 진도 2 이상 ② 진도 1 이상
③ 약진 이상 ④ 중진 이상

34 크레인 작업방법 중 적절하지 못한 것은?

① 제한하중 이상의 것은 달아 올리지 않는다.
② 항상 수평방향으로 달아 올린다.
③ 경우에 따라서는 수직방향으로 달아 올린다.
④ 신호수의 신호에 따라 작업한다.

해설 경우에 따라서는 수평방향으로 달아 올린다.

35 크레인 인양 작업 시 줄 걸이 안전 사항으로 틀린 것은?

① 권상작업 시 지면에 있는 보조자는 와이어로프를 손으로 꼭 잡아 화물이 흔들리지 않게 한다.
② 신호자는 기본적으로 1인이다.
③ 2인 이상의 고리 걸이 작업 시 상호간에 소리를 내면서 한다.
④ 신호자는 운전자가 잘 볼 수 있는 안전한 위치에서 신호를 보낸다.

36 다음 중 가스배관용 폴리에틸렌관의 특징이 아닌 것은?

① 부식이 잘되지 않는다.
② 도시가스 고압관으로 사용된다.
③ 지하매설용으로 사용된다.
④ 일광, 열에 약하다.

해설 가스배관용 폴리에틸렌관은 도시가스 저압관으로 사용된다.

37 도로 굴착작업 중 매설된 전기설비의 접지선이 노출되어 일부가 손상되었을 때 조치방법으로 가장 적절한 것은?

① 손상된 접지선은 임의로 철거한다.
② 접지선 단선은 사고와 무관하므로 그대로 되메운다.
③ 접지선 단선 시에는 시설관리자에게 연락 후 그 지시를 따른다.
④ 접지선 단선 시에는 철선 등으로 연결 후 되메운다.

38 도로 굴착 중 황색 도시가스 보호포가 나왔다. 이때 매설된 도시가스 배관의 압력은?

① 보호포 색상은 배관압력과 관계없이 무조건 황색이다.
② 고압
③ 중압
④ 저압

해설
- **황색** : 저압(0.1MPa 미만)
- **적색** : 중압(0.1MPa 이상 1MPa 미만) 이상

※ 지상배관은 가스압력과 관계없이 황색으로 표시한다.

39 도시가스 배관 매설 시 라인마크는 배관길이 최소 몇 m마다 1개 이상 설치되어 있는가?

① 30m ② 50m
③ 100m ④ 150m

40 도시가스 관련법상 가스배관과의 수평거리 몇 cm 이내에서 파일 박기를 금지하도록 규정하였는가?

① 30cm ② 60cm
③ 100cm ④ 120cm

해설 도시가스 관련법상 가스배관과의 수평거리 30cm 이내에서 파일 박기를 금지하도록 규정한다.

[정답] 33. ④ 34. ② 35. ① 36. ② 37. ③ 38. ④ 39. ② 40. ①

41 **도로 굴착자가 가스배관 매설위치를 확인 시 인력으로 굴착을 실시해야 하는 범위는?**

① 가스배관의 보호판이 식별되었을 때
② 가스배관의 주위 0.3m 이내
③ 가스배관의 주위 0.5m 이내
④ 가스배관의 주위 1m 이내

42 **굴착 시 도로폭이 4m 이상 8m 미만일 경우 도시가스배관 지하매설 심도는?**

① 0.4m 이상　② 0.6m 이상
③ 1m 이상　④ 1.2m 이상

해설
- 0.6m 이상 : 굴착 시 공동주택 등의 부지 내의 경우 도시가스배관 지하매설 심도
- 1.2m 이상 : 굴착 시 도로폭 8m 이상 도로의 경우 도시가스배관 지하매설 심도

43 **도시가스 관련법상에서 공동주택 등외의 건축물 등에 가스를 공급하는 경우 정압기에서 가스사용자가 소유하거나 점유하고 있는 토지의 경계까지에 이르는 배관은?**

① 공급관　② 본관
③ 내관　④ 주관

해설
- 본관 : 도시가스 제조사업소의 부지 경계에서 정압까지 이르는 배관
- 내관 : 가스사용자가 소유하고 있는 토지의 경계에서 연소기까지 이르는 배관

44 **도시가스 관련법상 배관의 구분에 속하지 않는 것은?**

① 본관　② 공급관
③ 내관　④ 가정관

해설
- 본관 : 도시가스 제조사업소의 부지 경계에서 정압까지 이르는 배관
- 공급관 : 정압기에서 가스사용자가 소유하고 있는 토지의 경계까지(또는 건축물 외벽에 설치하는 계량기의 전단 밸브까지) 이르는 배관
- 내관 : 가스사용자가 소유하고 있는 토지의 경계에서 연소기까지 이르는 배관

45 **굴착작업 중 줄파기 작업에서 줄파기 1일 시공량 결정은?**

① 공사시방서에 명시된 일정에 맞추어 결정
② 공사관리 감독기관에 보고한 날짜에 맞추어 결정
③ 시공속도가 가장 느린 천공작업에 맞추어 결정
④ 시공속도가 가장 빠른 천공작업에 맞추어 결정

해설
줄파기 1일 시공량은 시공속도가 가장 느린 천공작업에 맞추어 결정한다.

46 **고압전선로 주변에서 작업할 때 전선로와 건설기계의 안전이격거리에 대한 설명으로 틀린 것은?**

① 전압에는 관계없이 일정하다.
② 애자수가 많을수록 떨어진다.
③ 전선이 굵을수록 떨어진다.
④ 전압이 높을수록 떨어진다.

해설
- 건설기계 운전자는 현수애자의 개수로 가공전선로의 위험정도를 판단할 수 있다.
- 현수애자의 수가 2~3개는 22.9kV, 4~5개는 66kV, 9~11개는 154kV이다.
- 전압이 높을수록 애자의 사용개수가 많아진다.

47 **154kV 가공 송전선로 주변에서 작업할 때에 대한 설명으로 옳은 것은?**

① 사고가 발생하면 복구공사비는 전력설비가 공공 재산이므로 배상하지 않는다.
② 전력선은 피복으로 절연되어 있어 크레인 등이 접촉해도 단선되지 않으면 사고는 발생하지 않는다.

[정답] 41. ④ 42. ③ 43. ① 44. ④ 45. ③ 46. ① 47. ④

③ 1회선은 3가닥으로 이루어져 있으며, 1가닥 절단 시에도 전력공급을 계속한다.
④ 건설장비가 선로에 직접적으로 접촉하지 않고 근접만 하여도 사고가 발생할 수 있다.

48 **철탑의 완금(Arm)에 전선을 기계적으로 고정시키고 전기적으로 절연하기 위해 사용하는 것은?**

① 케이블　　② 완철
③ 애자　　④ 가공지선

49 **전력케이블은 차도에서 지표면 아래 어느 정도 깊이에 매설되어 있는가?**

① 0.2~0.5m　　② 1.0~1.5m
③ 30cm 이상　　④ 60cm 이상

해설
• 차도 및 중량물의 압력을 받는 장소의 경우 지중전선로는 최소 1.0m 이상 깊이에 매설해야 한다.
※ 차도 및 중량물의 압력을 받는 장소 이외 기타 장소의 경우 0.6m 이상 깊이에 매설해야 한다.

50 **다음 그림은 시가지에서 시설한 고압 전선로에서 자가용 수용가에 구내 전주를 경유하여 옥외 수전설비에 이르는 전선로 및 시설의 실체도이다. Ⓗ로 표시된 곳과 같은 지중 전선로 차도 부분의 매설 깊이는 최소 몇 m 이상인가?**

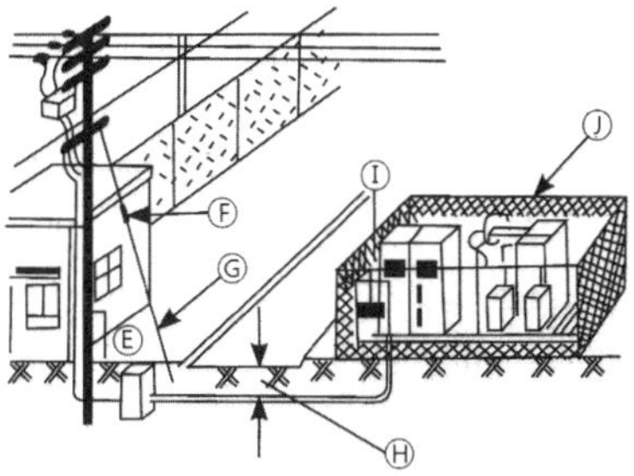

① 0.6m　　② 0.8m
③ 1m　　④ 1.0m

해설
• 차도 및 중량물의 압력을 받는 장소의 경우 지중전선로는 최소 1.0m 이상 깊이에 매설해야 한다.
※ 차도 및 중량물의 압력을 받는 장소 이외 기타 장소의 경우 0.6m 이상 깊이에 매설해야 한다.

51 **한국전력공사의 송전선로 전압은?**

① 0.345kV　　② 3.45kV
③ 34.5kV　　④ 345kV

해설
한국전력공사의 송전전로 전압은 154kV, 345kV를 사용한다.

52 **한국전력공사 고객 센터 및 전기 고장 신고전화번호는?**

① 118　　② 123
③ 130　　④ 1339

해설
한국전력공사 고객 센터 및 전기 고장 신고 전화번호는 123이다.

53 **산소용기의 산소 누출 여부를 가장 쉽고 안전하게 점검하는 방법은?**

① 비눗물 사용　　② 소음으로 점검
③ 전기불꽃 사용　　④ 기름 사용

54 **가스장치의 누출 여부 및 부위를 정확하게 확인하는 방법은?**

① 비눗물 사용
② 냄새로 감지
③ 분말 소화기 사용
④ 소리로 감지

[정답] 48. ③　49. ②　50. ③　51. ④　52. ②　53. ①　54. ①

55 **아세틸렌가스 용기의 취급 방법에 대한 설명으로 틀린 것은?**

① 전도, 전락 방지 조치를 할 것
② 충전용기와 빈 용기는 명확히 구분하여 각각 보관 할 것
③ 용기의 온도는 60℃로 유지 할 것
④ 용기는 반드시 세워서 보관 할 것

해설 아세틸렌가스 용기의 온도는 40℃ 이하로 유지해야 한다.

56 **아세틸렌 가스용접의 특징에 대한 설명으로 옳은 것은 ?**

① 불꽃의 온도와 열효율이 낮다.
② 이동이 불가하다.
③ 유해광선이 아크용접보다 많이 발생한다.
④ 설비비가 비싸다.

해설
- 이동이 편리하다.
- 유해광선이 아크용접보다 적게 발생한다.
- 설비비가 저렴하다.

57 **가스 용접기에서 아세틸렌 용기의 색상은?**

① 황색 ② 청색
③ 녹색 ④ 적색

해설
- **황색** : 아세틸렌 용기의 색상
- **청색** : 이산화탄소 용기의 색상
- **녹색** : 산소용기 또는 산소 호스(도관)의 색상
- **적색** : 아세틸렌 호스(도관) 또는 수소 용기의 색상

58 **가스 용접기에서 사용되는 아세틸렌 호스(도관)를 구별하는 색상은?**

① 녹색 ② 적색
③ 청색 ④ 황색

해설

색상	용 도
녹색	산소 용기 또는 산소 호스(도관)의 색상
적색	아세틸렌 호스(도관) 또는 수소 용기의 색상
청색	이산화탄소 용기의 색상
황색	아세틸렌 용기의 색상

59 **안전 · 보건표지에서 색채와 용도가 잘못 짝지어진 것은?**

① 빨간색 – 방화표시
② 노란색 – 추락 · 충돌 주의표시
③ 보라색 – 안전지도 표시
④ 녹색 – 비상구 표시

해설

색상	용 도
빨간색	방화 표시
노란색	추락 · 충돌주의 표시
보라색	방사능 표시
녹색	비상구 표시

60 **안전 · 보건표지에서 색채와 용도가 틀리게 짝지어진 것은?**

① 녹색 - 안내
② 파란색 - 지시
③ 빨간색 - 경고, 금지
④ 노란색 - 위험

해설

색상	용 도	색상	용 도
녹색	안내	빨간색	경고, 금지
파란색	지시	노란색	경고

61 **산업안전보건에서 안전표지의 종류가 아닌 것은?**

① 위험표지 ② 경고표지
③ 지시표지 ④ 금지표지

[정답] 55. ③ 56. ① 57. ① 58. ② 59. ③ 60. ④ 61. ①

해설

- **안내표지** : 바탕은 녹색, 부호 및 그림은 흰색
- **경고표지** : 기본모형은 검은색 · 빨간색, 바탕은 노란색 · 무색, 부호 및 그림은 검은색
- **지시표지** : 바탕은 파란색, 그림은 흰색
- **금지표지** : 기본모형은 빨간색, 바탕은 흰색, 부호 및 그림은 검은색

62 **안전 · 보건표지의 종류와 형태에서 다음 그림이 나타내는 표시는?**

① 방독마스크 착용 ② 방진마스크 착용
③ 안전모 착용 ④ 보안면 착용

해설

산업안전보건법상 안전 · 보건표지의 지시표지(9종)이다. 바탕은 파란색, 그림은 흰색이다.

보안경 착용	안전모 착용	귀마개 착용	방진마스크 착용	안전복 착용

안전화 착용	안전장갑 착용	보안면 착용	방독마스크 착용	

63 **안전 · 보건표지의 종류 및 형태에서 다음 그림과 같은 표지는?**

① 사용금지 ② 화기금지
③ 금연 ④ 인화성물질 경고

해설

안전 · 보건표지의 금지표지(8종)이다. 기본모형은 빨간색, 바탕은 흰색, 부호 및 그림은 검은색 이다.

출입금지	사용금지	금연	화기금지

보행금지	탑승금지	차량통행금지	물체이동금지

[정답] 62. ② 63. ②

Part 3

Part 3

실전모의고사

실전모의고사 1회

실전모의고사 2회

실전모의고사 3회

실전모의고사 4회

실전모의고사 5회

Part 3

실전모의고사 1회

01 디젤엔진에서 팬벨트의 장력이 과다할 때 발생하는 현상으로 가장 적절한 것은?

① 엔진이 과랭된다.
② 엔진이 과열된다.
③ 배터리 충전 부족 현상이 발생한다.
④ 발전기 베어링이 손상될 우려가 있다.

해설
- **엔진 과랭** : 엔진 서모스탯이 열린 상태로 고장난 경우 발생하는 현상
- **엔진 과열** : 팬벨트의 장력이 과소할 때 발생하는 현상
- **배터리 충전 부족 현상** : 팬벨트의 장력이 과소할 때 발생하는 현상

02 과급기(터보차저)에 대한 설명으로 옳은 것은?

① 실린더 내의 흡입 공기량을 증가시킨다.
② 연료 소비율을 증가시킨다.
③ 가솔린 엔진에만 설치된다.
④ 피스톤의 흡입력에 의해 임펠러가 회전한다.

해설
- 연료 소비율을 감소시킨다.
- 가솔린, 디젤엔진에 설치된다.
- 배기가스 온도 및 압력에 의해 터빈이 회전한다.

03 디젤엔진에서 엔진 부조가 발생하는 원인이 아닌 것은?

① 연료 공급 불량
② 거버너 작동 불량
③ 발전기 고장
④ 분사 시기 조정 불량

04 엔진 냉각장치에서 밀봉 압력식 라디에이터 캡을 사용하는 목적은?

① 압력밸브가 고장 났을 때
② 엔진 온도를 높일 때
③ 냉각수의 비등점을 높일 때
④ 엔진 온도를 낮출 때

05 연소할 때 발생하는 질소산화물(NOx)의 생성 원인으로 가장 적절한 것은?

① 높은 연소온도 ② 가속 불량
③ 흡입 공기 부족 ④ 소염 경계층

해설
질소산화물(NOx)은 연소온도가 높고 공기·연료 혼합비가 희박할수록 많이 발생한다.

06 디젤엔진에서 사용되는 에어클리너에 대한 설명으로 틀린 것은?

① 에어클리너가 막히면 연소가 나빠진다.
② 에어클리너가 막히면 엔진 출력이 감소한다.
③ 에어클리너가 막히면 배기가스 색은 흑색이 된다.
④ 에어클리너는 실린더 마멸과 관계없다.

해설
에어클리너의 필터링이 불량하여 흡입공기 중의 이물질이 연소실로 유입되면 실린더 마멸이 발생할 수 있다.

07 피스톤의 측압을 받지 않는 스커트 부를 떼어내어 경량화 하여 고속엔진에 많이 사용하는 피스톤은?

[정답] 01. ④ 02. ① 03. ③ 04. ③ 05. ① 06. ④ 07. ③

① 풀 스커트 피스톤
② 솔리드 피스톤
③ 슬리퍼 피스톤
④ 스피릿 스커트 피스톤

해설
- **풀 스커트 피스톤** : 피스톤 핀 아랫부분이 길고 그 둘레가 균일하게 생긴 피스톤
- **솔리드 피스톤** : 스커트부에 홈이 없고 통형으로 된 피스톤
- **스피릿 스커트 피스톤** : 스커트부에 단열용 가로 슬릿이나 탄력용 세로 슬릿이 나 있는 피스톤

※ 슬리퍼 피스톤은 무게를 증가시키지 않고 스러스트 접촉 면적을 크게 하여 피스톤 슬랩을 감소시킬 수 있는 장점이 있으나 스커트부를 떼어낸 부분에 오일이 고이게 되어 이 오일을 긁어낼 때 손실이 발생하는 단점도 있다.

08 가솔린엔진 대비 디젤엔진의 장점이 아닌 것은?

① 흡입행정 시 펌핑 손실을 줄일 수 있다.
② 열효율이 높다.
③ 마력당 중량이 크다.
④ 일산화탄소(CO) 배출량이 적다.

해설 디젤엔진의 단점은 마력당 중량이 큰 것이다.

09 디젤엔진에서 디젤노크의 발생원인으로 옳은 것은?

① 착화지연기간이 짧을 때
② 흡입공기 온도가 높을 때
③ 연소실에 누적된 다량의 연료가 일시에 연소될 때
④ 연료에 공기가 유입되었을 때

해설 디젤노크의 발생원인
- 착화지연기간이 길 때
- 흡입공기 온도가 낮을 때

※ **연료에 공기가 유입되었을 때** : 엔진 부조 및 진동의 원인

10 20℃에서 전해액 충전 시 비중과 충전 상태를 나열한 것으로 틀린 것은?

① 1.150~1.170, 25%
② 1.190~1.210, 50%
③ 1.220~1.260, 75%
④ 1.260~1.280, 100%

해설 1.220~1.260, 80%
※ 충전 상태가 75% 이하이면 보충전을 실시한다.

11 좌·우측 전조등 회로의 연결 방법으로 옳은 것은?

① 직·병렬 연결 ② 병렬 연결
③ 단식 배선 ④ 직렬 연결

12 배터리 용량을 나타내는 단위는?

① Ω ② V
③ Ah ④ A

해설 Ah = A×h
- Ah : 배터리 용량 단위
- A : 연속 방전 전류 단위
- h : 방전 종지 전압까지 연속 방전 시간 단위

13 건설기계장비에서 가장 큰 전류가 흐르는 부품은?

① 발전기 로터 ② 시동전동기
③ 다이오드 ④ 배전기

14 교류 발전기의 구성 부품이 아닌 것은?

① 스테이터 코일 ② 전류 조정기
③ 슬립링 ④ 다이오드

해설 **교류 발전기의 구성부품** : 스테이터 코일, 전압 조정기, 슬립링, 다이오드

[정답] 08. ③ 09. ③ 10. ③ 11. ② 12. ③ 13. ② 14. ②

15 **배터리 급속충전 시 유의 사항에 대한 설명 중 틀린 것은?**

① 충전시간은 가능한 짧게 한다.
② 충전전류는 배터리 용량과 같게 한다.
③ 충전 중 가스가 많이 발생하면 충전을 중지한다.
④ 충전 중 전해액의 온도가 45℃가 넘지 않도록 한다.

해설 충전전류는 배터리 용량의 50%로 한다.

16 **파워스티어링 장치에서 조향핸들이 매우 무거워 조작하기 힘든 상태인 경우 그 원인으로 가장 적절한 것은?**

① 조향핸들 유격이 크다.
② 조향펌프에 오일이 부족하다.
③ 바퀴가 습지에 있다.
④ 볼 조인트의 교환시기가 가까워졌다.

17 **다음 중 자동변속기가 과열하는 원인으로 틀린 것은?**

① 자동변속기 오일이 규정량보다 많다.
② 자동변속기 오일쿨러가 막혔다.
③ 메인 압력이 높다.
④ 과부하 운전을 계속하였다.

해설 자동변속기 오일이 규정량보다 적으면 자동변속기가 과열된다.

오일이 부족하여 규정량보다 적으면 윤활 및 냉각 작용이 불량하여 과열할 수 있다.

18 **타이어의 뼈대가 되는 부분이며, 튜브의 공기압에 견디면서 일정한 체적을 유지하고 하중이나 충격에 변형되면서 완충작용을 하고 내열성 고무로 밀착시킨 구조로 되어 있는 것은 무엇인가?**

① 카커스(Carcass)
② 트레드(Tread)
③ 브레이커(Breaker)
④ 비드(Bead)

해설
- **트레드(Tread)** : 노면과 직접적으로 접촉하는 부분
- **브레이커(Breaker)** : 트레드와 카커스의 중간에 위치한 코드 벨트
- **비드(Bead)** : 카커스 코드 벨트의 양단이 감기는 철선

19 **조향핸들의 유격이 커지는 원인이 아닌 것은?**

① 앞 차륜 베어링 과대 마모
② 타이어 공기압 과다
③ 피트먼 암의 헐거움
④ 조향기어 및 링키지 조정 불량

20 **도로 굴착 중 황색 도시가스 보호포가 나왔을 때 매설된 도시가스 배관의 압력은?**

① 보호포 색상은 배관압력과 관계없이 무조건 황색이다.
② 고압
③ 중압
④ 저압

해설 도시가스 배관의 압력
- **황색** : 저압(0.1MPa 미만)
- **적색** : 중압(0.1MPa 이상 1MPa 미만) 이상

지상배관은 가스압력과 관계없이 황색으로 표시한다.

21 **사용한 공구를 정리하여 보관할 때 가장 옳은 것은?**

① 기름이 묻은 공구는 물로 깨끗이 씻어서 보관한다.

[정답] 15. ② 16. ② 17. ① 18. ① 19. ② 20. ④ 21. ②

② 사용한 공구는 면걸레로 깨끗이 닦아서 지정된 곳에 보관한다.
③ 사용한 공구는 녹슬지 않게 기름칠하여 작업대 위에 진열해 놓는다.
④ 사용한 공구는 종류별로 묶어서 보관한다.

22 **가스장치의 누출 여부 및 부위를 정확하게 확인하는 방법은?**

① 비눗물 사용
② 냄새로 감지
③ 분말 소화기 사용
④ 소리로 감지

23 **도로 굴착작업 중 매설된 전기설비의 접지선이 노출되어 일부가 손상되었을 때 조치 방법으로 가장 적절한 것은?**

① 손상된 접지선은 임의로 철거한다.
② 접지선 단선은 사고와 무관하므로 그대로 되메운다.
③ 접지선 단선 시에는 시설관리자에게 연락 후 그 지시를 따른다.
④ 접지선 단선 시에는 철선 등으로 연결 후 되메운다.

24 **산업재해 조사의 목적으로 옳은 것은?**

① 적절한 예방 대책을 수립하기 위해
② 재해 발생의 통계를 작성하기 위해
③ 재해 유발자에 대한 처벌을 위해
④ 작업능률 향상과 근로 기강 확립을 위해

25 **수공구의 올바른 사용방법으로 틀린 것은?**

① 공구를 청결하게 하여 보관한다.
② 공구를 취급 시 올바른 방법으로 사용한다.
③ 공구는 지정된 장소에 보관한다.
④ 공구는 사용 전·후로 오일을 발라 둔다.

해설 공구는 사용 전·후로 면 걸레로 깨끗이 닦아두어야 한다.

26 **도시가스 관련법상 배관의 구분에 속하지 않는 것은?**

① 본관 ② 공급관
③ 내관 ④ 가정관

해설 도시가스 관련법상 배관
- **본관** : 도시가스 제조사업소의 부지 경계에서 정압까지 이르는 배관
- **공급관** : 정압기에서 가스사용자가 소유하고 있는 토지의 경계까지(또는 건축물 외벽에 설치하는 계량기의 전단밸브까지) 이르는 배관
- **내관** : 가스사용자가 소유하고 있는 토지의 경계에서 연소기까지 이르는 배관

27 **산업안전보건에서 안전표지의 종류가 아닌 것은?**

① 위험표지
② 경고표지
③ 지시표지
④ 금지표지

해설 안전표지의 종류
- **안내표지** : 바탕은 녹색, 부호 및 그림은 흰색
- **경고표지** : 기본모형은 검은색·빨간색, 바탕은 노란색·무색, 부호 및 그림은 검은색
- **지시표지** : 바탕은 파란색, 그림은 흰색
- **금지표지** : 기본모형은 빨간색, 바탕은 흰색, 부호 및 그림은 검은색

[정답] 22. ① 23. ③ 24. ① 25. ④ 26. ④ 27. ①

28 스패너 사용 시 유의 사항으로 틀린 것은?

① 보관 시 방청제를 바르고 건조한 곳에 보관한다.
② 파이프 등의 연장대를 끼워서 사용한다.
③ 녹이 생긴 볼트·너트에는 오일을 넣어 스며들게 한 후 돌린다.
④ 지렛대용으로 사용하지 않는다.

29 작업장의 안전 관리에 대한 설명으로 틀린 것은?

① 바닥은 폐유를 뿌려 먼지 등이 일어나지 않도록 한다.
② 작업대 사이, 또는 기계 사이의 통로는 안전을 위한 일정한 너비가 필요하다.
③ 전원 콘센트 및 스위치 등에 물을 뿌리지 않는다.
④ 항상 청결하게 유지한다.

30 다음 중 토크렌치의 사용방법으로 가장 올바른 것은?

① 왼손은 렌치 중간 지점을 잡고 돌리며 오른손은 지지점을 누르고 게이지 눈금을 확인한다.
② 오른손은 렌치 끝을 잡고 돌리며 왼손은 지지점을 누르고 게이지 눈금을 확인한다.
③ 렌치 끝을 한손으로 잡고 돌리면서 게이지 눈금을 확인한다.
④ 렌치 끝을 양손으로 잡고 돌리면서 게이지 눈금을 확인한다.

31 기계설비의 위험성 중 접선물림점(Tangential Point)과 가장 관련 없는 것은?

① 체인벨트 ② 기어와 랙
③ 커플링 ④ V벨트

32 소화 작업의 기본적인 요소에 대한 설명으로 틀린 것은?

① 연료를 기화시킨다.
② 점화원을 제거한다.
③ 산소를 차단한다.
④ 가연물질을 제거한다.

해설 연료를 제거시킨다.

33 특별표지판을 부착해야 하는 대형 건설기계에 포함되지 않는 것은?

① 최소회전반경이 14m인 건설기계
② 길이가 17m인 건설기계
③ 총중량이 50t인 건설기계
④ 높이가 3.5m인 건설기계

해설 특별표지판 부착해야 하는 대형 건설기계
- 최소회전반경 12m 초과
- 길이 16.7m 초과
- 총중량 40t 초과
- 높이 4m 초과
- 너비가 2.5m 초과
- 총중량 상태에서 축하중이 10t 초과

34 도로에서 파일 항타 및 굴착작업을 하는 도중에 지하에 매설된 전력 케이블이 손상되었다. 이때 전력 공급에 파급되는 영향으로 옳은 것은?

① 케이블이 절단되어도 전력 공급하는데 이상 없다.
② 케이블을 보호하는 관이 손상되어도 전력공급에 큰 차질이 없기 때문에 별다른 조치가 필요하지 않다.
③ 케이블은 외피 및 내부가 철 그물망 구조로 되어 있으므로 절대로 절단되지 않는다.
④ 전력케이블에 충격 및 손상이 가해지면 즉각 전력공급이 차단되거나 일정 시간이 지나면 부식 등으로 인하여 전력 공급이 중단될 수 있다.

[정답] 28. ② 29. ① 30. ② 31. ③ 32. ① 33. ④ 34. ④

35 구조변경검사 또는 수시검사를 받지 않은 자에 대한 벌칙은?

① 2년 이하의 징역 또는 2천만 원 이하의 벌금
② 1년 이하의 징역 또는 1천만 원 이하의 벌금
③ 2백만 원 이하의 벌금
④ 1백만 원 이하의 벌금

해설

참고
- 구조변경검사 또는 수시검사를 받지 않은 자는 1년 이하의 징역 또는 1천만 원 이하의 벌금에 처한다.

36 도로교통법상에서 교차로의 가장자리 또는 도로의 모퉁이로부터 몇 m 이내의 장소에 주·정차를 해서는 안 되는가?

① 3m　② 5m
③ 7m　④ 10m

37 도로교통법상에서 올바른 정차방법에 대한 설명으로 맞는 것은?

① 진행 방향과 비스듬하게 정차한다.
② 진행 방향과 평행하게 정차한다.
③ 도로의 좌측 가장자리에 정차한다.
④ 도로의 중앙에 정차한다.

해설 도로교통법상 올바른 정차방법
- 진행 방향과 평행하게 정차한다.
- 도로의 우측 가장자리에 정차한다.

38 다음 중 교차로 통행 방법에 대한 설명 중 틀린 것은?

① 교차로에서는 앞지르기를 할 수 없다.
② 교차로에서는 정차하지 못한다.
③ 교차로에서는 반드시 경음기를 작동시킨다.
④ 좌우 회전 시 방향지시등으로 신호를 해야 한다.

39 도로교통법상에서 모든 차의 운전자가 서행해야 하는 장소에 포함되지 않는 곳은?

① 도로가 구부러진 부근
② 가파른 비탈길의 내리막
③ 비탈길의 고개 마루 부근
④ 편도 2차로 이상의 다리 위

해설 모든 차의 운전자가 서행해야 하는 장소
- 도로가 구부러진 부근
- 가파른 비탈길의 내리막
- 비탈길의 고개 마루 부근
- 교통정리를 하고 있지 않는 교차로
- 지방경찰청장이 정한 곳

40 건설기계로 도로주행 시 교차로 전방 20m 지점에 이르렀을 때 신호등이 황색으로 바뀌었다. 운전자의 적절한 조치방법은?

① 관계없이 계속 진행한다.
② 주위의 교통상황을 예의주시하면서 진행한다.
③ 일시 정지하여 안전을 확인한 후 진행한다.
④ 정지할 준비를 하여 정지선에 정지한다.

41 유압유 내에 거품(기포)이 발생하는 원인으로 가장 적절한 것은?

① 오일 열화
② 오일 내 수분 유입
③ 오일 누설
④ 오일 내 공기 유입

[정답] 35. ② 36. ② 37. ② 38. ③ 39. ④ 40. ④ 41. ④

42 **다음 중 유압장치에 대한 설명으로 가장 적절한 것은?**

① 액체로 변환시키기 위해 기체를 압축시키는 장치
② 유체의 압력에너지를 이용하여 기계적인 일을 하는 장치
③ 오일을 이용하여 전기를 발생시키는 장치
④ 무거운 물체를 들어올리기 위해 기계적인 이점을 이용하는 장치

43 **단동 실린더의 기호 표시는?**

① 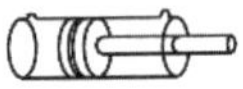　② 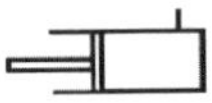

③ 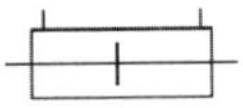　④ 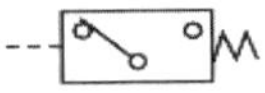

해설
① 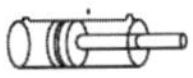 : 복동 실린더
③ 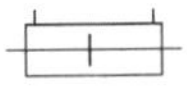 : 복동 실린더 양 로드형
④ 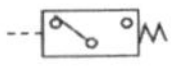 : 압력 스위치

44 **유압펌프에서 작동유 누유 여부에 대한 점검사항이 아닌 것은?**

① 운전자가 관심을 가지고 지속적으로 점검한다.
② 고정 볼트가 이완된 경우 추가 조임을 한다.
③ 정상작동 온도로 난기 운전을 실시하여 점검하는 것이 좋다.
④ 하우징에 균열이 발생되면 패킹을 교환한다.

해설
하우징에 균열이 발생되면 유압펌프 조립체(또는 하우징)를 교환한다.

45 **유압유의 구비 조건이 아닌 것은?**

① 점도지수가 커야 한다.
② 비압축성이어야 한다.
③ 체적 탄성계수가 작아야 한다.
④ 인화점 및 발화점이 높아야 한다.

해설
유압유는 체적 탄성계수가 커야 한다.

46 **유압실린더 등의 중력으로 인해 낙하를 방지하기 위해 회로에 배압을 유지하는 밸브는?**

① 언로더 밸브
② 카운터 밸런스 밸브
③ 감압밸브
④ 시퀀스 밸브

해설
밸브의 종류
- **언로더 밸브** : 일정조건에서 펌프를 무부하로 하기 위해 사용되는 밸브
- **감압밸브** : 1차측 압력과 관계없이 분기회로에서 2차측 압력을 설정 압력까지 감압하는 밸브
- **시퀀스 밸브** : 두 개 이상의 분기회로에서 유압 액추에이터의 작동 순서를 제어하는 밸브

47 **다음에서 유압계통에 사용되는 오일의 점도가 너무 낮을 때 발생하는 현상으로 모두 맞는 것은?**

a. 회로 내 압력저하
b. 펌프 효율 저하
c. 실린더 및 컨트롤밸브에서 누출 현상
d. 기동할 때 저항 증가

① a, c, d　② a, b, d
③ a, b, c　④ b, c, d

해설
오일의 점도가 너무 높으면 기동할 때 저항이 증가한다.

[정답] 42. ② 43. ② 44. ④ 45. ③ 46. ② 47. ③

48 지게차에 화물을 적재한 후 주행하고자 할 때 포크와 지면과의 간격은 몇 cm가 가장 적절한가?

① 20~30cm ② 40~50cm
③ 60~70cm ④ 70~80cm

해설 지게차에 화물을 적재하고 주행할 때 포크와 지면과의 간격은 20~30cm가 가장 적절하다.

49 지게차의 작업장치 중 동력전달기구가 아닌 것은?

① 트랜치호 ② 리프트 실린더
③ 틸트 실린더 ④ 리프트 체인

50 지게차의 동력 전달 순서를 바르게 나열한 것은?

① 엔진 → 변속기 → 토크컨버터 → 종감속기어 및 차동장치 → 앞 구동축 → 최종감속기→ 차륜
② 엔진 → 토크컨버터 → 변속기 → 종감속기어 및 차동장치 → 앞 구동축 → 최종감속기→ 차륜
③ 엔진 → 변속기 → 토크컨버터 → 종감속기어 및 차동장치 → 앞 구동축 → 최종감속기→ 차륜
④ 엔진 → 토크컨버터 → 변속기 → 앞구동축 → 종감속기어 및 차동장치 → 최종감속기 → 차륜

해설 지게차의 동력 전달 순서
엔진 → 토크컨버터 → 변속기 → 종감속기어 및 차동장치 → 앞 구동축 → 최종감속기 → 차륜

51 일반적인 지게차의 구동방식은?

① 앞바퀴 구동방식
② 뒷바퀴 구동방식
③ 중간차축 구동방식
④ 앞 · 뒷바퀴 구동방식

해설 일반적인 지게차는 앞바퀴 구동방식이다.

52 지게차의 작업장치가 아닌 것은?

① 캐리어
② 마스트
③ 자이언트 리퍼
④ 드럼 클램프

53 다음 중 로테이팅 클램프에 대한 설명으로 옳은 것은?

① 포크를 위 · 아래로 크게 기울여 드럼통과 같은 화물을 운반한다.
② 롤 모양의 화물을 눕히거나 세운다.
③ 캐리지를 좌 · 우로 움직여 파렛트 간격을 맞춘다.
④ 좌 · 우 포크의 간격을 조정한다.

해설
- **힌지드 포크** : 포크를 위 · 아래로 크게 기울여 드럼통과 같은 화물을 운반한다.
- **사이드 시프트** : 캐리지를 좌 · 우로 움직여 파렛트 간격을 맞춘다.
- **포크 무버** : 좌 · 우 포크의 간격을 조정한다.

54 지게차의 마스트를 전 · 후로 움직이기 위해 조작하는 레버는?

① 변속 레버 ② 리프트 레버
③ 포크 ④ 틸트 레버

해설
- **리프트 레버** : 지게차의 마스트(또는 포크)를 상 · 하로 움직이기 위해 조작하는 레버
- **틸트 레버** : 지게차의 마스트를 전 · 후로 움직이기 위해 조작하는 레버

[정답] 48. ① 49. ① 50. ② 51. ① 52. ③ 53. ② 54. ④

55 **지게차에서 틸트 실린더의 기능에 대한 설명으로 가장 적절한 것은?**

① 마스트의 전 · 후 경사각을 유지시킨다.
② 차체를 좌 · 우로 회전시킨다.
③ 차체의 수평을 유지시킨다.
④ 포크를 상 · 하로 이동시킨다.

해설
- **틸트 실린더** : 마스트의 전 · 후 경사각을 유지시킨다.
- **조향 실린더** : 차체를 좌 · 우로 회전시킨다.
- **리프트 실린더** : 포크를 상 · 하로 이동시킨다.

56 **지게차에서 리프트 실린더의 상승력이 부족한 원인이 아닌 것은?**

① 오일펌프 불량
② 오일필터 막힘
③ 틸트 로크 밸브의 밀착 불량
④ 리프트 실린더에서 누유

57 **지게차에 화물을 싣고 공장 또는 창고를 출입할 때 주의 사항이 아닌 것은?**

① 차폭과 출입구의 폭은 확인하지 않아도 된다.
② 주변 장애물을 확인한 후 이상이 없으면 출입한다.
③ 화물이 출입구 높이에 닿지 않도록 한다.
④ 차체 밖으로 몸 또는 팔을 내밀지 않는다.

해설
지게차에 화물을 싣고 공장 또는 창고를 출입할 때는 차폭과 출입구의 폭을 확인해야 한다.

58 **지게차 주차 시 주의 사항이 아닌 것은?**

① 엔진을 정지한 후 주차 브레이크를 작동시킨다.
② 엔진 시동을 정지시킨 후 시동 스위치의 키는 그대로 꽂아둔다.
③ 지면에 포크의 앞쪽 부분이 닿도록 마스트를 전방으로 적절히 위치시킨다.
④ 지면에 포크를 완전히 닿게 한다.

해설
지게차 주차 시 엔진 시동을 정지시킨 후 시동 스위치의 키는 뺀다.

59 **지게차의 작업안전수칙에 대한 설명으로 옳은 것은?**

① 작업반경 내 출입을 허용한다.
② 포크에 와이어를 걸어서 화물을 매달아도 된다.
③ 포크 상승 시 포크 아래에서 작업해도 된다.
④ 포크 위에 사람이 올라가지 않는다.

해설
지게차의 작업안전수칙
- 작업반경 내 출입을 금지한다.
- 포크에 와이어를 걸어서 화물을 매달지 않는다.
- 포크 상승 시 포크 아래에서 작업하지 않는다.

60 **지게차로 화물을 운반할 때의 주의 사항이 아닌 것은?**

① 경사지를 운전할 경우 화물을 위쪽으로 한다.
② 화물 운반 거리는 5m 이내로 한다.
③ 지면으로부터 약 20~30cm 상승시킨 후 운전한다.
④ 노면 상태가 좋지 않을 경우 저속으로 운행한다.

해설
지게차로 화물을 운반할 경우 화물 운반 거리는 100m 이내로 한다.

[정답] 55. ① 56. ③ 57. ① 58. ② 59. ④ 60. ②

실전모의고사 2회

01 **4행정 기관의 윤활방식 중 피스톤 핀과 피스톤까지 윤활유를 압송하여 윤활하는 방식은?**

① 전 비산식 ② 전 진공식
③ 비산 압송식 ④ 전 압송식

해설 4행정기관의 윤활방식
- **전 비산식** : 크랭크축의 디퍼로 오일을 실린더 벽으로 뿌려서 윤활 하는 방식
- **비산 압송식** : 비산 압력식과 같은 말이며, 압송식과 비산식을 조합한 방식으로서 자동차용 엔진에서 가장 많이 사용

엔진오일의 공급방식 : 비산식, 압송식, 비산압송식

02 **디젤엔진에서 터보차저의 기능은?**

① 엔진 회전수를 제어하는 장치
② 흡입공기를 압축하여 실린더 내로 공급하는 장치
③ 냉각수 유량을 제어하는 장치
④ 엔진오일 온도를 제어하는 장치

03 **엔진 냉각장치에서 라디에이터의 구비 조건이 아닌 것은?**

① 공기의 흐름 저항이 커야 한다.
② 가볍고 작으며 강도가 커야 한다.
③ 냉각수의 흐름 저항이 작아야 한다.
④ 단위 면적당 방열량이 커야 한다.

해설 라디에이터의 공기 흐름 저항은 작아야 한다.

04 **엔진오일 소비량이 많아지는 원인은?**

① 배기밸브 간극이 너무 작다.
② 오일압력이 너무 낮다.
③ 피스톤과 실린더 간의 간극이 너무 크다.
④ 오일펌프 기어 과대 마모

해설 **피스톤 간극** : 피스톤과 실린더 간의 간극

05 **분사노즐의 종류가 아닌 것은?**

① 스로틀형 ② 핀틀형
③ 싱글포인트형 ④ 홀형

해설 **분사노즐의 종류** : 스로틀형, 핀틀형, 홀형

06 **커먼레일 디젤엔진의 연료계통에서 출력요소에 해당하는 것은?**

① 브레이크 스위치 ② 인젝터
③ 공기유량센서 ④ 엔진 ECU

해설 **엔진 ECU(Electronic Control Unit)** : 엔진 컴퓨터로서 각종 센서 및 스위치로부터 입력신호를 받아서 어떤 제어값을 결정하여 각종 엑츄에이터 및 경고 등으로 출력신호를 보내어 제어하는 역할을 한다.

07 **건설기계 정비 시 엔진 시동을 건 후 정상적인 운전이 가능한지 확인하기 위해 운전자가 가장 먼저 점검해야 할 것은?**

① 냉각수 온도 게이지
② 속도계
③ 엔진오일량
④ 오일 압력 게이지

[정답] 01. ④ 02. ② 03. ① 04. ③ 05. ③ 06. ② 07. ④

08 배터리 취급 시 유의 사항에 대한 설명으로 옳은 것은?

① 배터리의 방전이 지속될수록 전압과 전해액 비중 모두 낮아진다.
② 배터리를 보관 시 가능한 방전시키는 것이 좋다.
③ 배터리 2개를 직렬연결할 경우 (+)와 (+)끼리, (−)와 (−)끼리 연결한다.
④ 배터리 용량을 크게 하기 위해서는 다른 배터리와 서로 직렬연결한다.

해설
- 배터리를 보관 시 방전시키지 않는 것이 좋다.
- 배터리 2개를 병렬 연결할 경우 (+)와 (+)끼리, (−)와 (−)끼리 연결한다.
- 배터리 용량을 크게 하기 위해서는 다른 배터리와 서로 병렬연결한다.

09 시동전동기의 토크가 발생하는 부분은 무엇인가?

① 스위치　② 계자코일
③ 조속기　④ 발전기

해설 계자코일과 전기자 코일에서 형성되는 전자력에 의해 시동전동기의 토크가 발생한다.

10 배터리 자기방전의 원인이 아닌 것은?

① 음극판의 작용물질이 황산과 화학 반응하여 황산납이 되므로
② 전해액 양이 많아짐에 따라 용량이 커지므로
③ 전해액에 포함된 불순물이 국부전지를 형성하므로
④ 탈락한 극판 작용물질이 배터리 내부에 퇴적되므로

해설 배터리 용량은 극판 수, 넓이, 두께, 전해액 양에 비례하므로 보기②의 내용은 맞으나 이것이 배터리 자기방전의 원인은 아니다.

11 12V 80A 배터리 2개를 병렬로 연결하면 전압과 전류는 어떻게 되는가?

① 12V 80A　② 12V 160A
③ 24V 160A　④ 24V 80A

해설
배터리의 병렬연결 : 전압은 동일, 용량은 증가
배터리의 직렬연결 : 전압은 증가, 용량은 동일

증가는 배터리 개수와 비례(예 : 동일한 배터리 2개를 직렬연결 : 용량은 동일, 전압은 2배 증가)

12 교류발전기의 특징이 아닌 것은?

① 소형, 경량이며 속도변화에 따른 적용 범위가 넓다.
② 저속에서도 충전이 가능하다.
③ 정류자를 사용한다.
④ 다이오드를 사용하기 때문에 정류 특성이 좋다.

해설 교류발전기는 슬립링, 브러시, 로터, 스테이터, 정류 다이오드 등으로 구성되어 있다.

13 납산 배터리의 용량은 어떻게 결정되는가?

① 극판의 수, 발전기의 충전 능력에 따라 결정된다.
② 극판의 수, 셀의 수, 발전기의 충전 능력에 따라 결정된다.
③ 극판의 수, 극판의 크기, 황산의 양에 따라 결정된다.
④ 극판의 수, 극판의 크기, 셀의 수에 따라 결정된다.

14 다음 중 조향핸들의 유격이 커지는 원인이 아닌 것은?

① 조향기어 및 링키지 조정 불량
② 피트먼 암의 헐거움

[정답] 08. ① 09. ② 10. ② 11. ② 12. ③ 13. ③ 14. ④

③ 앞차륜 베어링 과다 마모
④ 타이어 공기압 과다

해설 타이어 공기압은 조향핸들의 조작력과 관련이 있으며, 타이어 공기압이 작아질수록 조향핸들의 조작력이 커진다.

15 수동식 변속기가 장착된 건설기계에서 클러치 페달에 유격을 두는 이유는?

① 클러치의 미끄럼을 방지하기 위해
② 제동 성능을 향상시키기 위해
③ 클러치 용량을 증가시키기 위해
④ 엔진 출력을 증가시키기 위해

16 토크컨버터의 구성부품이 아닌 것은?

① 터빈 ② 펌프
③ 플라이휠 ④ 스테이터

해설 플라이휠은 엔진의 구성부품이다.

17 타이어에서 트레드 패턴과 관련 없는 것은?

① 편평율 ② 타이어의 배수 효과
③ 제동력 ④ 구동력, 견인력

18 도시가스 관련법상 가스배관과의 수평거리 몇 cm 이내에서 파일 박기를 금지하도록 규정하였는가?

① 10cm ② 20cm
③ 30cm ④ 60cm

19 소화 작업에 대한 설명으로 적절하지 않은 것은?

① 가스 밸브를 잠그고 전기 스위치를 끈다.
② 배선 부근에 물을 뿌릴 경우 전기가 통하는지 여부를 확인 후에 한다.
③ 화재가 일어나면 화재 경보를 한다.
④ 카바이드 및 유류에는 물을 뿌린다.

20 안전 · 보건표지에서 색채와 용도가 잘못 짝지어진 것은?

① 빨간색 – 방화표시
② 노란색 – 추락 · 충돌 주의표시
③ 보라색 – 안전지도 표시
④ 녹색 – 비상구 표시

해설 보라색은 방사능 표시이다.

21 ILO(국제노동기구)의 구분에 의한 근로 불능 상해의 종류 중 응급조치상해는 얼마간 치료를 받은 다음부터 정상작업에 임할 수 있는 정도의 상해를 의미하는가?

① 1일 미만 ② 3일 미만
③ 5일 미만 ④ 10일 미만

22 일정 규모 이상의 지진이 발생한 후 크레인 작업을 하고자 할 때 사전에 크레인 각 부위를 점검해야 한다. 이때 지진의 규모는 어느 정도 이상인가?

① 진도 2 이상 ② 진도 1 이상
③ 약진 이상 ④ 중진 이상

23 건설기계의 안전 사항으로 틀린 것은?

① 작업장의 바닥은 보행에 지장을 주지 않도록 청결하게 유지한다.
② 회전부분(기어, 벨트, 체인) 등은 위험하므로 반드시 커버를 씌운다.
③ 엔진, 발전기, 용접기 등 장비는 한곳에 모아서 배치한다.
④ 작업장의 통로는 근로자가 안전하게 다닐 수 있도록 정리한다.

[정답] 15. ① 16. ③ 17. ① 18. ③ 19. ④ 20. ③ 21. ① 22. ④ 23. ③

24 작업장에서 화물 운반 시 빈차, 짐차, 사람이 있다. 이때 통행의 우선순위는?(1순위-2순위-3순위 순으로 나열할 것)

① 사람 – 빈차 – 짐차
② 짐차 – 빈차 – 사람
③ 사람 – 짐차 – 빈차
④ 빈차 – 짐차 – 사람

25 방진마스크를 착용해야 하는 작업장은?

① 분진이 많은 작업장
② 소음이 심한 작업장
③ 산소가 결핍되기 쉬운 작업장
④ 온도가 낮은 작업장

26 가스 용접기에서 사용되는 아세틸렌 호스(도관)를 구별하는 색상은?

① 녹색　② 적색
③ 청색　④ 황색

해설
- **녹색** : 산소 용기 또는 산소 호스(도관)
- **적색** : 아세틸렌 호스(도관) 또는 수소 용기
- **청색** : 이산화탄소 용기
- **황색** : 아세틸렌 용기

27 도시가스 배관 매설 시 라인마크는 배관길이 최소 몇 m마다 1개 이상 설치되어 있는가?

① 30m　② 50m
③ 100m　④ 150m

28 전기화재에 해당하는 것은?

① A급 화재　② B급 화재
③ C급 화재　④ D급 화재

해설
- **A급 화재** : 일반화재　• **B급 화재** : 유류화재
- **D급 화재** : 금속화재

29 폭 4m 이상 8m 미만인 도로에 일반 도시가스 배관을 매설할 때, 지면과 도시가스 배관 상부와의 최소이격 거리는 몇 m 이상인가?

① 0.6m　② 1.0m
③ 1.2m　④ 1.5m

해설
- 공동주택 등의 부지 내 일반 도시가스 배관을 매설할 때 지면과 도시가스 배관 상부와의 최소이격 거리는 0.6m 이상이다.
- 도로폭 8m 이상 도로에 일반 도시가스 배관을 매설할 때 지면과 도시가스 배관 상부와의 최소이격 거리는 1.2m 이상이다.

30 재해 발생 원인이 아닌 것은?

① 관리감독 소홀
② 올바르지 못한 작업방법
③ 작업장치 회전반경 내 출입금지
④ 방호장치의 기능제거

31 안전 · 보건표지의 종류와 형태에서 다음 그림이 나타내는 표시는?

① 방독마스크 착용　② 방진마스크 착용
③ 안전모 착용　④ 보안면 착용

해설
산업안전보건법상 안전 · 보건표지의 지시표지(9종)이다. 바탕은 파란색, 그림은 흰색이다.

보안경 착용	안전모 착용	귀마개 착용	방진마스크 착용	안전복 착용

안전화 착용	안전장갑 착용	보안면 착용	방독마스크 착용	

[정답] 24. ② 25. ① 26. ② 27. ② 28. ③ 29. ② 30. ③ 31. ②

32 시·도지사의 직권이나 소유자의 신청으로 건설기계의 등록을 말소할 수 있는 사유가 아닌 것은?

① 건설기계 정기검사에 불합격된 경우
② 건설기계를 도난당한 경우
③ 건설기계의 차대가 등록 시의 차대와 상이한 경우
④ 건설기계를 수출하는 경우

해설
등록말소 사유
- 건설기계를 도난당한 경우
- 건설기계의 차대가 등록 시의 차대와 상이한 경우
- 건설기계를 수출하는 경우
- 정기검사 유효 기간이 만료된 날로부터 3개월이 내에 시·도지사의 최고를 지정 받고 지정된 기한까지 정기검사를 받지 않은 경우
- 건설기계를 폐기한 경우
- 연구·목적으로 사용하는 경우
- 부당한 방법으로 등록한 경우
- 천재지변 등 이에 준하는 사고로 사용할 수 없게 되거나 멸실된 경우
- 건설기계안전기준에 적합하지 않는 경우
- 구조적 결함으로 건설기계를 판매·제작자에게 반품한 경우

33 건설기계의 소유자가 건설기계를 등록하고자 할 때 등록신청은 누구에게 해야 하는가?

① 시·도지사
② 전문 건설기계 정비업자
③ 국토교통부장관
④ 검사대행자

해설
건설기계 등록신청은 건설기계 소유자의 주소지 또는 건설기계 사용 본거지의 관할 시·도지사에게 한다.

34 다음 신호 중에서 가장 우선적인 신호는?

① 안전표시 지시 ② 신호등 신호
③ 신호기 신호 ④ 경찰관 수신호

해설
가장 우선적인 신호는 경찰관의 수신호이다.

35 음주운전 측정 및 처벌 기준에서 술에 취한 상태의 기준 혈중알코올농도는 몇 % 이상인가?

① 0.03% ② 0.05%
③ 0.08% ④ 0.10%

해설
- 술에 취한 상태의 기준 혈중알코올농도 : 0.03% 이상
- 면허정지 : 0.03% 이상 0.08% 미만
- 면허취소 : 0.08% 이상(만취 상태)

36 통행의 우선순위가 바르게 나열된 것은?

① 승합자동차 → 원동기장치 자전거 → 긴급자동차
② 건설기계 → 원동기장치 자전거 → 승용자동차
③ 긴급자동차 → 원동기장치 자전거 → 승용자동차
④ 긴급자동차 → 일반자동차 → 원동기장치 자전거

해설
긴급자동차 외 일반자동차 간의 통행 우선순위는 최고 속도의 순서에 따른다.

37 도로교통법에 위반되는 경우는?

① 노면이 얼어붙은 경우 최고 속도의 50/100을 줄인 속도로 운행하였다.
② 눈이 20mm 이상으로 쌓인 경우 최고 속도의 20/100을 줄인 속도로 운행하였다.
③ 눈이 20mm 미만으로 쌓인 경우 최고 속도의 20/100을 줄인 속도로 운행하였다.
④ 안개로 인해 가시거리가 100m 이내인 경우 최고 속도의 50/100을 줄인 속도로 운행하였다.

해설
눈이 20mm 이상 쌓인 경우 최고 속도의 50/100을 줄인 속도로 운행해야 한다.

[정답] 32. ① 33. ① 34. ④ 35. ① 36. ④ 37. ②

38 **1종 대형면허로 운전할 수 없는 것은?**

① 노상안정기 ② 지게차
③ 덤프트럭 ④ 아스팔트 살포기

해설
- **3t 미만 지게차** : 1종 대형면허 또는 1종 보통면허가 있는 상태에서 12시간 교육이수 필요
- **3t 이상 지게차** : 지게차운전기능사 필요

39 **유압 컨트롤 밸브 내에서 스풀 형식의 밸브가 사용되는 목적은?**

① 펌프의 회전방향을 바꾸기 위해
② 회로 내의 압력을 상승시키기 위해
③ 오일의 흐름방향을 바꾸기 위해
④ 축압기의 압력을 바꾸기 위해

해설 **스풀 밸브** : 축 방향으로 이동하여 오일의 흐름을 변환하는 밸브

40 **유압장치에서 오일탱크의 구비 조건으로 틀린 것은?**

① 유면은 적정위치 'F'에 가깝게 유지해야 한다.
② 발생한 열을 발산할 수 있어야 한다.
③ 공기 및 이물질을 오일로부터 분리할 수 있어야 한다.
④ 탱크의 크기는 정지할 때 되돌아오는 오일량의 용량과 동일하게 한다.

41 **유압모터의 종류에 해당하지 않는 것은?**

① 베인형 ② 기어형
③ 터빈형 ④ 플런저형

42 **회전수가 일정할 때 펌프의 토출량이 바뀔 수 있는 것은?**

① 가변 용량형 피스톤 펌프
② 프로펠러 펌프
③ 정용량형 베인펌프
④ 기어펌프

43 **오일 씰(Seal)의 종류 중에서 O-링의 구비 조건으로 옳은 것은?**

① 작동 시 마모가 커야 한다.
② 오일의 입·출입이 가능해야 한다.
③ 죄는 힘(체결력)이 작아야 한다.
④ 압축변형이 작아야 한다.

해설
- 작동 시 마모가 작아야 한다.
- 오일의 입·출입이 없어야 한다.
- 죄는 힘(체결력)이 커야 한다.

44 **다음에서 유압 작동유가 갖추어야 할 조건을 모두 나열한 것은?**

a. 압력에 대해 비압축성 일 것
b. 밀도가 작을 것
c. 열팽창계수가 작을 것
d. 체적탄성계수가 작을 것
e. 점도지수가 낮을 것
f. 발화점이 높을 것

① a, b, c, d ② a, b, c, f
③ b, c, e, f ④ b, d, e, f

해설 유압 작동유는 체적탄성계수가 크고 점도지수가 높아야 한다.

45 **액추에이터의 운동 속도를 제어하기 위해 사용하는 밸브는?**

① 방향 제어 밸브 ② 유량 제어 밸브
③ 압력 제어 밸브 ④ 온도 제어 밸브

해설
- **방향 제어 밸브** : 일의 방향 제어
- **유량 제어 밸브** : 일의 속도 제어
- **압력 제어 밸브** : 일의 크기 제어

[정답] 38. ② 39. ③ 40. ④ 41. ③ 42. ① 43. ④ 44. ② 45. ②

46 일반적으로 유압장치에서 릴리프 밸브가 설치되는 위치는?

① 펌프와 제어 밸브 사이
② 필터와 실린더 사이
③ 필터와 오일탱크 사이
④ 펌프와 오일탱크 사이

해설 릴리프밸브 : 유압회로 내 압력을 일정하게 유지하고 최고압력을 제한하여 회로를 보호해주는 밸브

47 대기압 상태에서 측정한 압력계의 압력은?

① 표준대기압력 ② 진공압력
③ 절대압력 ④ 게이지압력

해설
- **진공압력** : 대기압보다 낮아지는 압력
- **절대압력** : 게이지압력 + 대기압
  또는 대기압 - 진공압력

48 지게차의 작업안전수칙에 대한 설명으로 틀린 것은?

① 화물을 한쪽으로 치우치게 적재한다.
② 적재하중을 준수한다.
③ 과속하거나 급선회하지 않는다.
④ 지정좌석 외에는 탑승하지 않는다.

해설
- 화물을 한쪽으로 치우치게 적재하지 않는다.

49 지게차에서 토인을 조정할 수 있는 장치는?

① 드래그 링크 ② 변속기
③ 조향기어 ④ 타이로드

해설
- **타이로드** : 지게차에서 토인을 조정할 수 있는 장치

50 지게차의 작업장치에 해당하지 않는 것은?

① 붐 ② 포크 무버
③ 사이드 시프트 ④ 로테이팅 클램프

해설 지게차의 작업장치
- **포크 무버** : 좌 · 우 포크의 간격을 조정한다.
- **사이드 시프트** : 캐리지를 좌 · 우로 움직여 파렛트 간격을 맞춘다.
- **로테이팅 클램프** : 롤 모양의 화물을 눕히거나 세운다.

51 지게차의 조종 레버가 아닌 것은?

① 덤핑(Dumping)
② 로어링(Lowering)
③ 리프팅(Lifting)
④ 틸팅(Tilting)

해설 **덤핑(dumping)** : 굴착기 및 로더 등의 조종 레버

52 지게차에서 조종레버의 종류가 아닌 것은?

① 리프트 레버 ② 밸브 레버
③ 변속 레버 ④ 틸트 레버

해설
- **리프트 레버** : 마스트(또는 포크)를 상 · 하로 움직이기 위해 조작하는 레버
- **변속 레버** : 지게차를 전 · 후진으로 움직이기 위해 조작하는 레버
- **틸트 레버** : 마스트(또는 포크)를 전 · 후로 움직이기 위해 조작하는 레버

53 지게차의 앞바퀴가 설치되어 있는 위치는?

① 직접적으로 프레임에 설치되어 있다.
② 등속이음에 설치되어 있다.
③ 너클암에 설치되어 있다.
④ 새클핀에 설치되어 있다.

해설 지게차의 앞바퀴는 직접적으로 프레임에 설치되어 있다.

[정답] 46. ① 47. ④ 48. ① 49. ④ 50. ① 51. ① 52. ② 53. ①

54 **지게차에서 틸트 실린더의 상승력이 저하되는 원인이 아닌 것은?**

① 틸트 실린더에서 누유된다.
② 오일펌프가 불량하다.
③ 오일필터가 막혔다.
④ 유압유가 과다하다.

해설 틸트 실린더의 상승력이 저하되는 원인
- 틸트 실린더에서 누유된다.
- 오일펌프가 불량하다.
- 오일필터가 막혔다.
- 유압유가 과소하다.

55 **지게차의 작업장치에서 포크가 한쪽으로 기울어졌다. 그 원인으로 가장 적절한 것은?**

① 한쪽 실린더의 작동유가 부족하다.
② 한쪽 리프트의 실린더가 마모되었다.
③ 한쪽 체인이 늘어졌다.
④ 한쪽 롤러가 마모되었다.

해설 한쪽 체인이 늘어나면 포크가 한쪽으로 기울어질 수 있다.

56 **다음에서 (　) 안에 들어갈 알맞은 말은?**

> 지게차의 기준부하 상태에서 포크를 들어 올린 경우 하강작업 또는 유압계통의 고장에 의한 포크의 하강속도는 초당 (　) 이하이어야 한다.

① 0.4m　　② 0.6m
③ 0.8m　　④ 1.0m

해설 지게차의 기준부하 상태에서 포크를 들어 올린 경우 하강작업 또는 유압계통의 고장에 의한 포크의 하강속도는 초당 0.6m 이하이어야 한다.

57 **사이드포크형 지게차의 마스트 전경각 기준으로 옳은 것은?**

① 3° 이하　　② 5° 이하
③ 12° 이하　　④ 20° 이하

해설

종 류	전경각	후경각
카운터밸런스 지게차	6° 이하	12° 이하
사이드포크형 지게차	5° 이하	5° 이하

58 **평지에서 지게차를 이용하여 하역 작업할 때 적절한 방법이 아닌 것은?**

① 화물 앞에 정지 후 마스트가 수직이 되도록 한다.
② 불안전한 적재 시에는 신속하게 작업을 진행한다.
③ 파렛트에 올린 화물이 안정되게 올려져 있는지 점검한다.
④ 포크를 삽입하고자 하는 위치와 평행하게 한다.

해설 적재 시에는 천천히 작업을 진행한다.

59 **지게차의 일상 점검 사항으로 가장 적절하지 못한 것은?**

① 차체의 변형 점검
② 작동유의 량 점검
③ 타이어 손상 및 공기압 점검
④ 배터리 커넥터 연결부의 헐거움 및 피복 벗겨짐 점검

해설 지게차의 일상 점검 사항
- 작동유의 량 점검
- 틸트 실린더의 누유 점검
- 타이어 손상 및 공기압 점검
- 배터리 커넥터 연결부의 헐거움 및 피복 벗겨짐 점검
- 배터리 전해액 수준 점검

[정답] 54. ④　55. ③　56. ②　57. ②　58. ②　59. ①

• 계기판 표시장치 파손 점검
• 각종 링크 및 핀의 마모 점검 등

60 **지게차 주차 시 주의 사항이 아닌 것은?**

① 엔진을 정지한 후 주차 브레이크 작동시킨다.
② 엔진 시동을 정지한 후 시동 스위치의 키는 그대로 꽂아둔다.
③ 지면에 포크의 앞쪽 부분이 닿도록 마스트를 전방으로 적절히 위치시킨다.
④ 지면에 포크를 완전히 닿게 한다.

해설 엔진 시동을 정지시킨 후 시동 스위치의 키는 빼둔다.

[정답] 60. ②

실전모의고사 3회

01 **다음 중 디젤엔진의 압축행정 시, 흡 · 배기밸브의 상태는?**

① 흡기밸브만 열려있다.
② 흡 · 배기밸브가 모두 닫혀 있다.
③ 배기밸브만 열려있다.
④ 흡 · 배기밸브가 모두 열려있다.

해설
- 흡기밸브만 열려있음 : 흡입행정
- 배기밸브만 열려있음 : 배기행정
- 흡 · 배기밸브가 모두 열려있음 : 밸브 오버랩(Overlap)

02 **혼합비가 희박할 때 엔진에 미치는 영향은?**

① 연소속도가 빨라진다.
② 엔진출력이 저하된다.
③ 시동성이 좋아진다.
④ 저속 및 공회전을 한다.

해설
- 혼합비 희박 : 엔진출력 저하
- 혼합비 농후 : 배출가스 증가

03 **엔진오일의 양을 점검할 때 게이지에 표시된 하한선(Low)과 상한선(Full)과 관련된 설명으로 옳은 것은?**

① Low선보다 아래에 있으면 좋다.
② Full선보다 위에 있으면 좋다.
③ Low선과 Full선 사이에서 Low선에 가까이 있으면 좋다.
④ Low선과 Full선 사이에서 Full선에 가까이 있으면 좋다.

04 **디젤엔진의 실린더 압축 압력 측정방법으로 틀린 것은?**

① 배터리의 충전상태를 점검한다.
② 엔진을 정상온도로 웜업시킨다.
③ 분사노즐은 모두 제거한다.
④ 습식시험을 먼저 하고 건식시험을 나중에 한다.

해설
건식시험을 먼저 하고, 습식시험을 나중에 한다.
※ 건식시험에서 측정한 압축 압력이 규정압력의 70% 미만이면 습식시험을 한다.

05 **디젤엔진에서 흡입행정 시 흡입되는 것은?**

① 혼합기 ② 엔진오일
③ 공기 ④ 연료

해설
디젤엔진은 압축착화기관으로서 공기만 흡입한 후 압축행정을 거치면서 압축열로 인해 온도가 높아진 공기에 연료를 분사하여 착화시킨다.

06 **점화스위치를 ST로 했을 때 시동전동기의 솔레노이드 스위치는 작동되나 시동전동기는 작동되지 않은 원인과 관계없는 것은?**

① 배터리 방전
② 엔진 크랭크축, 피스톤 고착
③ 점화스위치 불량
④ 시동전동기 브러시 손상

해설
점화스위치가 불량이면 시동전동기의 솔레노이드 스위치도 작동되지 않는다.

07 **건설기계장비에서 배터리 케이블을 탈거하고자 한다. 다음 중 올바른 것은?**

① (+) 케이블을 먼저 탈거한다.
② 접지되어 있는 케이블을 먼저 탈거한다.
③ 절연되어 있는 케이블을 먼저 탈거한다.
④ 아무 케이블이나 먼저 탈거한다.

해설
배터리 케이블 탈거 시 (–) 케이블을 먼저 탈거한다.

[정답] 01. ② 02. ② 03. ④ 04. ④ 05. ③ 06. ③ 07. ②

08 이동하지 않고 물질에 정지하고 있는 전기를 무엇이라고 하는가?

① 정전기　② 동전기
③ 교류전기　④ 직류전기

09 배터리에 대한 설명으로 옳은 것은?

① 전해액이 감소한 경우 증류수를 보충하면 된다.
② 배터리 보관 시 되도록 방전시키는 것이 좋다.
③ 배터리 방전이 지속되면 전압은 낮아지고 전해액 비중은 높아진다.
④ 배터리 용량을 크게 하려면 별도의 배터리를 직렬로 연결한다.

해설
- 배터리 방전이 지속되면 전압은 낮아지고 전해액 비중은 낮아진다.
- 배터리 용량을 크게 하려면 별도의 배터리를 병렬로 연결한다.

Tip
온도와 압력이 일정할 때 배터리 비중, 용량, 단자전압은 비례관계이다.

10 시동전동기의 토크가 약하거나 회전이 안 되는 원인이 아닌 것은?

① 배터리 전압이 낮다.
② 브러시가 정류자에 잘 밀착되어 있다.
③ 터미널과 배터리 단자의 접촉이 불량하다.
④ 시동스위치의 접촉이 불량하다.

11 세미 실드빔 형식의 전조등이 장착된 건설기계에서 전조등이 점등되지 않는다. 이때 가장 적절한 조치 방법은?

① 전조등을 교환한다.
② 전구를 교환한다.
③ 렌즈를 교환한다.
④ 반사경을 교환한다.

해설
전구가 끊어지거나 고장 시 조치방법
- **실드빔 형식** : 전조등 조립체의 전체를 교환한다.
- **세미 실드빔 형식** : 전구만 따로 교환한다.

12 타이어식 건설기계에서 조향 바퀴의 토인(Toe In)을 조정하는 곳은?

① 타이로드　② 조향핸들
③ 드래그링크　④ 웜 기어

해설
- **토인** : 바퀴를 위에서 아래로 보았을 때 앞쪽이 뒤쪽보다 좁은 상태
- **토아웃** : 앞바퀴를 위에서 아래로 보았을 때 뒤쪽이 앞쪽보다 좁은 상태

13 클러치 라이닝의 구비 조건이 아닌 것은?

① 내식성이 커야 한다.
② 온도에 의한 변화가 적어야 한다.
③ 적당한 마찰계수를 갖춰야 한다.
④ 내마멸성 및 내열성이 적어야 한다.

해설
클러치 라이닝은 내마멸성 및 내열성이 커야 한다.

14 벨트 취급 시 안전 사항에 대한 설명 중 틀린 것은?

① 벨트의 회전을 정지시킬 때 손으로 잡는다.
② 회전을 완전히 멈춘 상태에서 벨트를 교환한다.
③ 고무벨트에는 기름이 묻지 않도록 한다.
④ 적당한 벨트 장력을 유지시킨다.

[정답] 08. ①　09. ①　10. ②　11. ②　12. ①　13. ④　14. ①

15 팬벨트를 교체할 때 엔진의 어떤 상태에서 작업해야 하는가?

① 정지 상태 ② 저속 상태
③ 중속 상태 ④ 고속 상태

해설 팬벨트를 교체할 때 엔진정지 상태에서 작업해야 한다.

16 작업장 환경 개선과 가장 거리가 먼 것은?

① 조명을 밝게 한다.
② 소음을 줄인다.
③ 채광을 좋게 한다.
④ 부품으로 모두 신품으로 교환한다.

17 화물 하중을 직접 지지하는 와이어로프의 안전계수는 몇 이상인가?

① 3 이상 ② 5 이상
③ 8 이상 ④ 10 이상

해설
- 안전계수 = 파단하중 ÷ 최대사용하중
- 권상용 와이어로프 또는 달기 체인의 안전계수는 5 이상이다.

18 가스 용접기에서 아세틸렌 용기의 색상은?

① 황색 ② 청색
③ 녹색 ④ 적색

해설
- **황색** : 아세틸렌 용기의 색상
- **청색** : 이산화탄소 용기의 색상
- **녹색** : 산소 용기 또는 산소 호스(도관)의 색상
- **적색** : 아세틸렌 호스(도관) 또는 수소 용기의 색상

19 도시가스 관련법상 가스배관과의 수평거리 몇 cm 이내에서 파일 박기를 금지하도록 규정하였는가?

① 30cm ② 60cm
③ 100cm ④ 120cm

해설 도시가스 관련법상 가스배관과의 수평거리 30cm 이내에서 파일 박기를 금지하도록 규정한다.

20 장갑을 착용하면 안 되는 작업은?

① 용접작업 ② 차량정비작업
③ 해머작업 ④ 청소작업

해설 해머작업 시 장갑을 착용하면 손에서 해머가 미끄러질 우려가 있기 때문에 맨손으로 작업해야 한다.

21 철탑의 완금(Arm)에 전선을 기계적으로 고정시키고 전기적으로 절연하기 위해 사용하는 것은?

① 케이블 ② 완철
③ 애자 ④ 가공지선

22 크레인 작업 방법 중 적절하지 못한 것은?

① 제한하중 이상의 것은 달아 올리지 않는다.
② 항상 수평방향으로 달아 올린다.
③ 경우에 따라서는 수직방향으로 달아 올린다.
④ 신호수의 신호에 따라 작업한다.

해설 경우에 따라서는 수평방향으로 달아 올린다.

23 고압전선로 주변에서 작업할 때 전선로와 건설기계의 안전이격거리에 대한 설명으로 틀린 것은?

① 전압에는 관계없이 일정하다.
② 애자수가 많을수록 떨어진다.
③ 전선이 굵을수록 떨어진다.
④ 전압이 높을수록 떨어진다.

[정답] 15. ① 16. ④ 17. ② 18. ① 19. ① 20. ③ 21. ③ 22. ② 23. ①

해설

건설기계 운전자는 현수애자의 개수를 통해 가공전선로의 위험정도를 판단할 수 있다.

- 현수애자의 수가 2~3개는 22.9kV, 4~5개는 66kV, 9~11개는 154kV이다.
- 전압이 높을수록 애자의 사용개수가 많아진다.

24 **굴착작업 중 줄파기 작업에서 줄파기 1일 시공량 결정은?**

① 공사시방서에 명시된 일정에 맞추어 결정
② 공사관리 감독기관에 보고한 날짜에 맞추어 결정
③ 시공속도가 가장 느린 천공작업에 맞추어 결정
④ 시공속도가 가장 빠른 천공작업에 맞추어 결정

해설

줄파기 1일 시공량은 시공속도가 가장 느린 천공작업에 맞추어 결정한다.

25 **안전·보건표지의 종류 및 형태에서 다음 그림과 같은 표지는?**

① 사용금지　② 화기금지
③ 금연　④ 인화성물질 경고

해설

안전·보건표지의 금지표지(8종)이다. 기본모형은 빨간색, 바탕은 흰색, 부호 및 그림은 검은색이다.

출입금지	사용금지	금연	화기금지

보행금지	탑승금지	차량통행금지	물체이동금지

26 **안전·보건표지에서 색채와 용도가 잘못 짝지어진 것은?**

① 녹색 – 안내
② 파란색 – 지시
③ 빨간색 – 경고, 금지
④ 노란색 - 위험

해설

노란색 - 경고

27 **다음 그림은 시가지에서 시설한 고압 전선로에서 자가용 수용가에 구내 전주를 경유하여 옥외 수전설비에 이르는 전선로 및 시설의 실체도이다. Ⓗ로 표시된 곳과 같은 지중 전선로 차도 부분의 매설 깊이는 최소 몇 m 이상인가?**

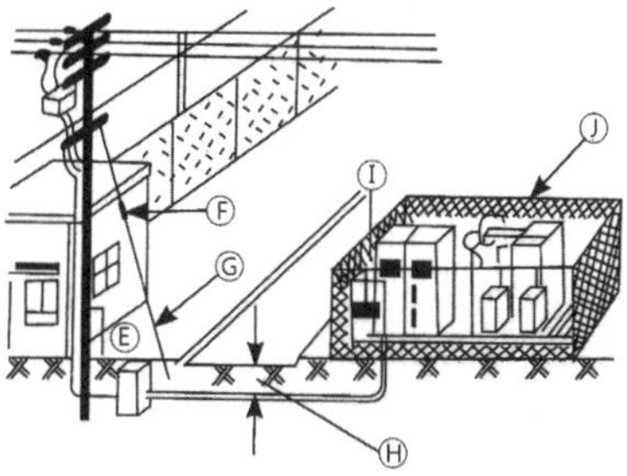

① 0.6m　② 0.8m
③ 1m　④ 1.2m

해설

- 차도 및 중량물의 압력을 받는 장소의 경우 지중 전선로는 최소 1.0m 이상 깊이에 매설 해야 한다.

※ 차도 및 중량물의 압력을 받는 장소 이외 기타 장소의 경우 0.6m 이상 깊이에 매설해야 한다.

28 **건설기계조종사면허를 받지 않고 건설기계를 조종한 자에 대한 벌칙은 무엇인가?**

① 100만 원 이하의 벌금
② 1년 이하의 징역 또는 1천만 원 이하의 벌금
③ 과태료 10만 원
④ 2년 이하의 징역 또는 2천만 원 이하의 벌금

[정답] 24. ③ 25. ② 26. ④ 27. ③ 28. ②

해설 건설기계조종사면허를 받지 않고 건설기계를 조종한 자는 1년 이하의 징역 또는 1천만 원 이하의 벌금을 적용한다.

29 **관용 건설기계의 등록번호표 색깔은?**

① 백색 판에 흑색 문자
② 주황색 판에 백색 문자
③ 청색 판에 백색 문자
④ 녹색판에 백색 문자

해설 건설기계 등록번호표는 비사업용(관용 또는 자가용)과 대여사업용으로 구분되며 임시번호표는 목판으로 백색판에 흑색 문자이다.

구 분		일련번호	색 상
비사업용	관 용	0001 ~ 0999	흰색 바탕에 검은색 문자
	자가용	1000 ~ 5999	
대여사업용		6000 ~ 9999	주황색 바탕에 검은색 문자

30 **20년 이하 타이어식 로더의 정기검사 유효기간은?**

① 3개월 ② 6개월
③ 1년 ④ 2년

해설 로더(타이어식) : 2년(20년 이하), 1년(20년 초과)

31 **건설기계관리법상 자동차 1종 대형 면허로 조종할 수 없는 건설기계는?**

① 콘크리트펌프
② 천공기(트럭 적재식)
③ 굴착기
④ 콘크리트 믹서 트럭

해설
- 3t 미만 굴착기 : 1종 대형면허 또는 1종 보통면허가 있는 상태에서 12시간 교육이수 필요
- 3t 이상 굴착기 : 굴착기운전기능사 필요

32 **최고 속도가 15km/h 미만인 건설기계가 갖추지 않아도 되는 조명은?**

① 제동등 ② 후부반사기
③ 번호등 ④ 전조등

해설 최고 속도가 15km/h 미만인 건설기계가 반드시 갖춰야 할 조명장치는 후부반사기이다.

33 **도로교통법상에서 일시 정지 및 서행에 대한 설명으로 틀린 것은?**

① 신호등이 없고 교통이 복잡한 교차로에서는 일시 정지해야 한다.
② 비탈길 고갯마루 부근에서는 서행해야 한다.
③ 도로가 구부러진 곳에서는 서행해야 한다.
④ 신호등이 없는 철길 건널목을 통과할 때에는 서행으로 통과해야 한다.

해설 신호등이 없는 철길 건널목을 통과할 때에는 일시 정지하여 안전 여부를 확인 후 통과해야 한다.

34 **다음 중 교차로 통행 방법에 대한 설명으로 틀린 것은?**

① 좌회전 시 교차로 중심 안쪽으로 서행한다.
② 교차로 내에는 차선이 없기 때문에 진행 방향을 임의로 바꿀 수 있다.
③ 교차로에서 우회전 시 서행한다.
④ 교차로에서 직진하려는 차는 이미 교차로에 진입하여 좌회전하고 있는 차의 진로를 방해할 수 없다.

35 **교통안전표지의 종류와 형태에서 다음 그림이 나타내는 표시는?**

[정답] 29. ① 30. ④ 31. ③ 32. ③ 33. ④ 34. ② 35. ③

① 최저 속도 제한　　② 차 중량 제한
③ 진입금지　　④ 통행금지

해설 자주 출제되는 교통안전표지

진입금지	최저 속도 제한	최고 속도 제한	차 중량 제한

좌 · 우로 이중 굽은 도로	좌 · 우 회전	회전형 교차로	

36 유압펌프 관련 용어 중 GPM의 의미는?

① 회로 내에서 이동되는 유체의 양
② 회로 내에서 형성되는 압력의 크기
③ 복동 실린더의 치수
④ 흐름에 대한 저항

해설 GPM(Gallon Per Minute) : 유량단위

37 유압장치에 사용되는 유압기기에 대한 설명으로 틀린 것은?

① 축압기 – 외부로 오일 누출 방지
② 유압펌프 – 오일 압송
③ 실린더 – 직선운동
④ 유압모터 – 무한회전운동

해설 오일 씰(Oil Seal) – 외부로 오일 누출 방지

38 다음 유압 기호 표시는?

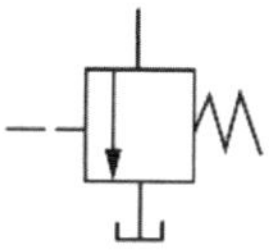

① 순차 밸브
② 무부하 밸브
③ 릴리프 밸브
④ 감압 밸브

해설 자주 출제되는 유압기호

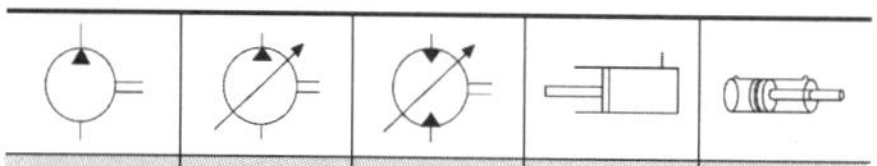

정용량형 유압펌프	가변용량형 유압펌프	가변용량형 유압모터	단동 실린더	복동 실린더

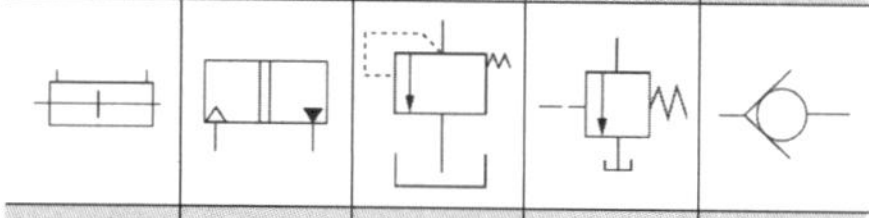

복동 실린더 양 로드형	공기 유압 변환기	릴리프 밸브	무부하 밸브	체크 밸브

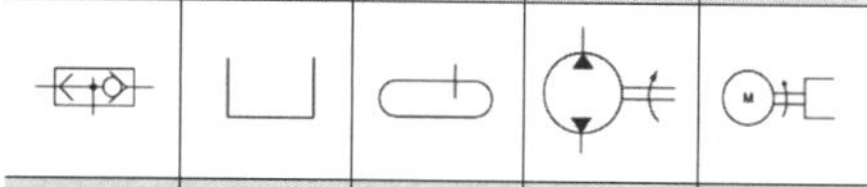

고압우선형 셔틀밸브	작동유 탱크 (개방형)	작동유 탱크 (가압형)	정용량형 펌프 · 모터	회전형 전기모터 액추에이터

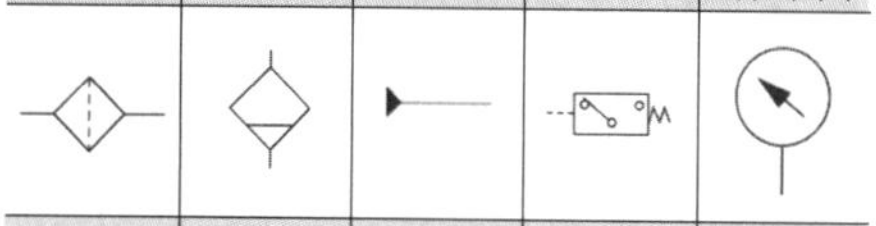

오일필터	드레인 배출기	유압 동력원	압력 스위치	압력계

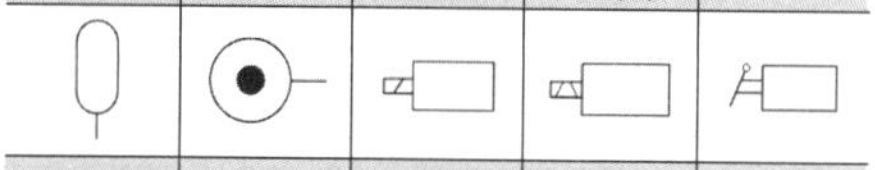

어큐뮬레이터 (축압기)	압력원	전자조작 단동 솔레노이드	전자조작 복동 솔레노이드	인력조작 레버

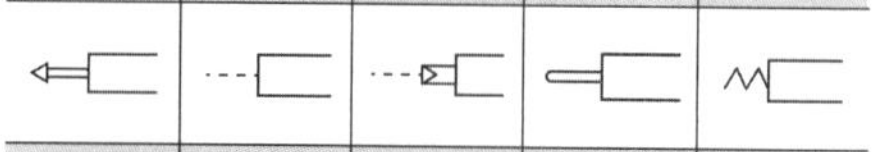

인력조작 누름버튼	파일럿조작 직접작동	파일럿조작 간접작동	기계조작 플런저	기계조작 스프링

39 유압모터의 단점이 아닌 것은?

① 작동유가 누출되면 작업 성능에 지장이 발생한다.
② 작동유에 먼지 및 공기가 유입되지 않도록 보수에 주의한다.
③ 릴리프 밸브를 부착하여 속도 및 방향을 제어하기 어렵다.
④ 작동유의 점도 변화에 의하여 유압모터의 사용에 제한이 있다.

[정답] 36. ①　37. ①　38. ②　39. ③

40 **오일펌프의 종류가 아닌 것은?**

① 베인 펌프 ② 기어 펌프
③ 진공 펌프 ④ 플런저 펌프

41 **유압장치의 불순물 및 금속가루를 제거하기 위한 장치로 바르게 나열된 것은?**

① 스크레이퍼, 필터
② 여과기, 어큐뮬레이터
③ 필터, 스트레이너
④ 어큐뮬레이터, 스트레이너

42 **유압회로에 흐르는 압력이 설정된 압력 이상으로 상승하는 것을 방지하기 위한 밸브는?**

① 릴리프 밸브
② 감압 밸브
③ 시퀀스 밸브
④ 카운터 밸런스 밸브

해설
- **감압 밸브** : 1차측 압력과 관계없이 분기회로에서 2차측 압력을 설정 압력까지 감압하는 밸브
- **시퀀스 밸브** : 2개 이상의 분기회로에서 유압 엑추에이터의 작동 순서를 제어하는 밸브
- **카운터 밸런스 밸브** : 중력으로 인해 낙하를 방지하기 위해 배압을 유지하는 밸브

압력 제어 밸브 : 릴리프 밸브, 감압 밸브, 시퀀스 밸브, 카운터 밸런스 밸브

43 **유압기기는 작은 힘으로 큰 힘을 얻는 장치이다. 어떤 원리를 응용한 것인가?**

① 베르누이의 원리 ② 파스칼의 원리
③ 뉴턴의 원리 ④ 보일의 원리

44 **유체에너지를 일시 저장하여 맥동 및 충격 압력을 흡수하고 부하가 클 때 저장해둔 에너지를 방출하여 순간적인 과부하를 방지하는 기기는?**

① 어큐뮬레이터 ② 액추에이터
③ 제어 밸브 ④ 유압 펌프

해설
- **액추에이터** : 유압펌프를 통해 송출된 에너지를 직선운동이나 회전운동을 통해 기계적 일을 하는 기기
- **유압 펌프** : 엔진의 기계적 에너지를 유압 에너지로 변하는 기기

45 **유압실린더와 유압모터의 설명으로 옳은 것은?**

① 실린더는 직선운동, 모터는 회전운동
② 실린더는 회전운동, 모터는 직선운동
③ 실린더와 모터 모두 직선운동
④ 실린더와 모터 모두 회전운동

46 **유압 계통에서 릴리프 밸브 스프링의 장력이 약해지면 발생할 수 있는 현상은?**

① 블로바이 현상 ② 노킹 현상
③ 채터링 현상 ④ 트램핑 현상

해설
- **블로바이 현상** : 피스톤 압축 시 실린더 벽과 피스톤 사이의 틈새로 미량의 가스가 새어 나오는 현상
- **노킹 현상** : 엔진 실린더 내에서 비정상 연소에 의해 망치로 두드리는 것과 같은 소음이 발생하는 현상
- **채터링 현상** : 릴리프 밸브에서 볼이 밸브 시트를 두들겨서 소음을 발생시키는 현상
- **트램핑 현상** : 고속 주행 시 바퀴가 상·하로 진동하는 현상

47 **유압유의 점도에 대한 설명으로 틀린 것은?**

① 점성의 정도를 나타내는 척도이다.
② 점성계수를 밀도로 나눈 값이다.
③ 온도가 하강하면 점도는 높아진다.
④ 온도가 상승하면 점도는 낮아진다.

해설 **동점성계수** : 점성계수를 밀도로 나눈 값이다.

[정답] 40. ③ 41. ③ 42. ① 43. ② 44. ① 45. ① 46. ③ 47. ②

48 다음에서 (　　) 안에 들어갈 장치로 알맞은 것은?

> 지게차의 동력 전달 순서 : 엔진 → 토크컨버터 → 변속기 → 종감속기어 및 차동장치 → (　　) → 최종감속기 → 차륜

① 클러치 디스크　② 중간변속기
③ 앞 구동축　④ 뒤 구동축

해설 지게차의 동력 전달 순서 :
엔진 → 토크컨버터 → 변속기 → 종감속기어 및 차동장치 → 앞 구동축 → 최종감속기 → 차륜

49 지게차의 유압식 조향장치에서 조향실린더의 직선운동을 축의 중심으로 한 회전운동으로 바꾸어줌과 동시에 타이로드에 직선운동을 시켜 주는 장치는?

① 스테빌라이저　② 드래그링크
③ 핑거보드　④ 벨 크랭크

해설 **벨 크랭크** : 지게차에서 조향실린더의 직선운동을 축의 중심으로 한 회전운동으로 바꾸어줌과 동시에 타이로드에 직선운동을 시켜 주는 장치

50 지게차에 대한 설명으로 틀린 것은?

① 목적지에 도착하여 화물을 내리기 위해 틸트 실린더를 후경시키고 전진한다.
② 포크를 상승시키고자 할 때는 리프트 레버를 후방으로 당기고, 하강시키고자 할 때는 전방으로 민다.
③ 틸트 레버는 전방으로 밀면 마스트가 앞으로 기울어져 포크가 전방으로 움직인다.
④ 화물을 적재하고자 할 때 마스트를 약간 전경시켜 포크를 끼워서 화물을 싣는다.

51 일반적인 지게차의 조향방식은?

① 앞바퀴 조향　② 뒷바퀴 조향
③ 중간차축 조향　④ 앞 · 뒷바퀴 조향

해설 일반적인 지게차는 뒷바퀴 조향방식이다.

52 지게차에서 리프트 실린더의 주된 역할은?

① 마스트를 이동시킨다.
② 마스트를 틸트시킨다.
③ 포크를 상승 및 하강시킨다.
④ 마스트 전 · 후 경사각을 유지시킨다.

해설
- **리프트 실린더** : 포크를 상승 및 하강시킨다.
- **틸트 실린더** : 마스트 전 · 후 경사각을 유지시킨다.(마스트를 틸트시킨다)

53 지게차의 제동 능력에 대한 설명으로 옳은 것은?

① 지게차의 기준무부하 상태인 경우 기울기가 10/100인 평탄하고 견고한 지면에서 정지 상태를 유지할 수 있어야 한다.
② 지게차의 기준무부하 상태인 경우 기울기가 15/100인 평탄하고 견고한 지면에서 정지 상태를 유지할 수 있어야 한다.
③ 지게차의 기준부하 상태인 경우 기울기가 20/100인 평탄하고 견고한 지면에서 정지 상태를 유지할 수 있어야 한다.
④ 지게차의 기준부하 상태인 경우 기울기가 15/100인 평탄하고 견고한 지면에서 정지 상태를 유지할 수 있어야 한다.

해설
- 지게차의 기준무부하 상태인 경우 기울기가 20/100인 평탄하고 견고한 지면에서 정지 상태를 유지할 수 있어야 한다.
- 지게차의 기준부하 상태인 경우 기울기가 15/100인 평탄하고 견고한 지면에서 정지 상태를 유지할 수 있어야 한다.

[정답] 48. ③　49. ④　50. ①　51. ②　52. ③　53. ④

54 **마스트의 전경각에 대한 설명으로 옳은 것은?**

① 지게차의 기준부하 상태에서 지게차의 마스트를 포크 쪽으로 가장 기울인 경우 마스트가 수직면에 대하여 이루는 기울기
② 지게차의 기준무부하 상태에서 지게차의 마스트를 포크 쪽으로 가장 기울인 경우 마스트가 수직면에 대하여 이루는 기울기
③ 지게차의 기준부하 상태에서 지게차의 마스트를 포크 반대쪽으로 가장 기울인 경우 마스트가 수직면에 대하여 이루는 기울기
④ 지게차의 기준무부하 상태에서 지게차의 마스트를 포크 반대쪽으로 가장 기울인 경우 마스트가 수직면에 대하여 이루는 기울기

해설 마스트 전경각 : 지게차의 기준무부하 상태에서 지게차의 마스트를 포크 쪽으로 가장 기울인 경우 마스트가 수직면에 대하여 이루는 기울기

55 **카운터밸런스 지게차의 마스트 후경각 기준으로 옳은 것은?**

① 3° 이하 ② 6° 이하
③ 7° 이하 ④ 12° 이하

해설

종 류	전경각	후경각
카운터밸런스 지게차	6° 이하	12° 이하
사이드포크형 지게차	5° 이하	5° 이하

56 **지게차가 적재상태일 때 마스트 경사로 적절한 것은?**

① 앞으로 기울어지게 한다.
② 뒤로 기울어지게 한다.
③ 좌측으로 기울어지게 한다.
④ 우측으로 기울어지게 한다.

해설 지게차가 적재상태일 때 마스트를 뒤로 기울어지게 한다.

57 **지게차로 화물을 운반하고자 한다. 이때 마스트 경사각으로 가장 적절한 것은?**

① 앞쪽으로 약 6°
② 뒤쪽으로 약 6°
③ 앞쪽으로 약 12°
④ 뒤쪽으로 약 12°

해설 마스트를 뒤쪽으로 약 6° 정도 경사시켜서 운반한다.

58 **가파른 경사로에서 지게차를 이용하여 화물을 운반할 때 가장 적절한 방법은?**

① 변속 레버를 중립 놓고 내려온다.
② 기어 변속을 저속 상태에 놓고 후진으로 내려온다.
③ 화물을 앞쪽으로 하여 천천히 내려온다.
④ 지그재그로 회전하면서 내려온다.

[정답] 54. ② 55. ④ 56. ② 57. ② 58. ②

59 **지게차의 운행 사항에 대한 설명으로 틀린 것은?**

① 경사로에서는 급회전을 하면 안 된다.
② 지게차의 중량 제한은 필요시 무시해도 된다.
③ 주행 시 노면상태에 주의하고 노면이 고르지 않는 곳에서는 서행한다.
④ 화물이 백 레스트에 완전히 닿도록 틸트한 상태에서 주행한다.

해설 지게차의 중량 제한을 무시하면 안 된다.

60 **지게차의 일상 점검 사항에 해당하는 것은?**

① 계기판 표시장치 파손 점검
② 틸트 실린더의 가격 점검
③ 배터리 전해액 냄새 점검
④ 타이어 무게 점검

해설 **지게차의 일상 점검 사항**

- 작동유의 양 점검
- 틸트 실린더의 누유 점검
- 타이어 손상 및 공기압 점검
- 배터리 커넥터 연결부의 헐거움 및 피복 벗겨짐 점검
- 배터리 전해액 수준 점검
- 계기판 표시장치 파손 점검
- 각종 링크 및 핀의 마모 점검

[정답] 59. ② 60. ①

실전모의고사 4회

01 **엔진 예열장치에서 코일형 예열플러그 대비 실드형 예열플러그에 대한 설명으로 틀린 것은?**

① 예열플러그 하나가 단선되어도 나머지는 작동된다.
② 기계적 강도 및 가스에 의한 부식에 약하다.
③ 각각의 예열플러그는 서로 병렬연결되어 있다.
④ 열용량이 크고 발열량이 크다.

해설 코일형 예열플러그는 기계적 강도 및 가스에 의한 부식에 약하다.

02 **엔진오일의 점도가 너무 높은 것을 사용했을 때 발생하는 현상은?**

① 엔진 시동 시 필요 이상의 동력이 소모된다.
② 점차 묽어지므로 경제적이다.
③ 좁은 틈새에 잘 침투하므로 충분한 주유가 된다.
④ 겨울철에 사용하기 좋다.

03 **엔진에서 실화(Miss Fire)가 발생했을 때 나타나는 현상으로 맞는 것은?**

① 엔진이 과냉된다.
② 엔진 회전수가 불안정해진다.
③ 엔진 출력이 상승한다.
④ 연료소비량이 적어진다.

해설 실화(Miss Fire)가 발생했을 때 나타나는 현상
- 연소온도 및 배기가스 온도가 낮아진다.
- 엔진 회전수가 불안정해진다.
- 엔진 출력이 감소한다.
- 엔진 소비량이 많아진다.

04 **엔진 냉각팬에 대한 설명으로 틀린 것은?**

① 전동팬은 냉각수의 온도에 따라 작동된다.
② 유체 커플링식은 냉각수 온도에 따라 작동한다.
③ 워터펌프는 전동팬의 작동과 관계없이 항상 회전한다.
④ 전동팬이 작동되지 않을 때 워터펌프도 회전하지 않는다.

05 **디젤엔진에서 감압장치의 기능은?**

① 흡기밸브 또는 배기밸브를 열어 엔진을 가볍게 회전시키는 장치이다.
② 캠축을 원활히 회전시키는 장치이다.
③ 타이밍 기어를 원활하게 회전시키는 장치이다.
④ 크랭크축을 느리게 회전시키는 장치이다.

해설 **엔진 감압장치** : 엔진 시동 시 또는 겨울철 오일점도가 높을 시 흡기밸브 또는 배기밸브를 강제로 열어 실린더 압축 압력을 감소시켜 시동을 용이하게 한다.

06 **4기통 엔진 대비 6기통 엔진의 장점이 아닌 것은?**

① 가속이 원활하고 신속하다.
② 저속회전이 용이하고 출력이 높다.
③ 구조가 복잡하여 제작비가 비싸다.
④ 엔진 진동이 적다.

해설

6기통 엔진	
장점	단점
가속이 원활하고 신속하다.	구조가 복잡하여 제작비가 비싸다
저속회전이 용이하고 출력이 높다	
엔진의 진동이 적다.	

[정답] 01. ② 02. ① 03. ② 04. ④ 05. ① 06. ③

07 건식 에어클리너의 장점이 아닌 것은?

① 작은 입자의 먼지나 오물을 여과할 수 있다.
② 구조가 간단하고 여과망을 세척하여 사용할 수 있다.
③ 엔진 회전수가 변동되어도 안정된 공기청정효율을 얻을 수 있다.
④ 분해 · 조립 및 설치가 간편하다.

해설 구조가 간단하고 여과망을 세척하여 사용할 수 있는 것은 습식 에어클리너의 장점이다.

08 커먼레일 디젤엔진의 공기유량센서(Air Flow Sensor, AFS)로 가장 많이 쓰이는 방식은?

① 열막 방식 ② 베인 방식
③ 칼만와류 방식 ④ 맵센서 방식

해설 **열막식 공기유량센서** : 흡입공기의 질량유량을 직접 계측하는 방식이다.

09 엔진 시동을 위해 시동 키를 작동시켰지만 시동전동기가 회전하지 않는다. 이때 점검해야 할 내용으로 가장 적절하지 못한 것은?

① 배터리 터미널의 접촉상태를 점검한다.
② 시동회로의 ST회로 연결상태를 점검한다.
③ 인젝션 펌프의 연료차단 솔레노이드를 점검한다.
④ 배터리의 방전상태를 점검한다.

해설 **인젝션 펌프의 연료차단 솔레노이드 점검** : 크랭킹은 되나 엔진 시동이 안 될 경우 점검할 내용이다.

시동전동기가 작동하지 않았으므로 엔진 시동장치와 관련된 전기회로를 점검해야 한다.

10 배터리의 용량만 증가시키는 방법은?

① 직렬연결 ② 직 · 병렬연결
③ 병렬연결 ④ 논리회로연결

해설
- **배터리의 직렬연결** : 용량은 동일, 전압은 증가한다.
- **배터리의 병렬연결** : 전압은 동일, 용량은 증가한다.
- 배터리를 직렬연결하면 용량은 동일하고 전압은 증가한다. 또한, 병렬연결하면 전압은 동일하고 용량은 증가한다. 이때 '증가'라는 것은 배터리 개수에 비례한다. 예를 들어, 동일한 배터리 3개를 병렬연결하면 전압은 동일하고 용량은 3배 증가한다.

11 다음 중 배터리 케이스와 커버 세척에 가장 적절한 것은?

① 물, 소다 ② 물, 가솔린
③ 물, 소금 ④ 물, 솔벤트

12 에어컨의 구성 부품 중에서 고압의 기체냉매를 냉각시켜 액화시키는 부품은?

① 압축기 ② 응축기
③ 팽창밸브 ④ 증발기

해설
- **압축기** : 증발기에서 받은 기체냉매를 고온 · 고압의 기체로 변환한다.
- **팽창밸브** : 고온 · 고압 액체냉매를 저온 · 저압 기체냉매로 변환한다.
- **증발기(이베퍼레이터)** : 주위로부터 열을 흡수하여 기체냉매로 변환한다.

※ 에어컨 냉매가스 순환과정 순서
압축기(콤프레서) → 응축기(콘덴서) → 건조기(리시버드라이어) → 팽창밸브(익스팬션 밸브) → 증발기(이베퍼레이터)

13 직류발전기와 비교하여 교류발전기의 특징으로 틀린 것은?

① 크기가 크고 무겁다.
② 전압 조정기만 필요하다.
③ 저속 발전 성능이 좋다.
④ 브러시 수명이 길다.

[정답] 07. ② 08. ① 09. ③ 10. ③ 11. ① 12. ② 13. ①

해설
- **크기가 크고 무겁다** : 직류발전기의 특징(단점)
- 발전기 출력이 동일하다고 가정할 때 교류발전기에 비해 직류발전기가 더 크고 무겁다. 따라서, 교류발전기는 발전기 출력에 비해 중량이 가벼운 것이 특징(장점)이다.

14 **다음 회로에서 퓨즈에는 몇 A가 흐르는가?**

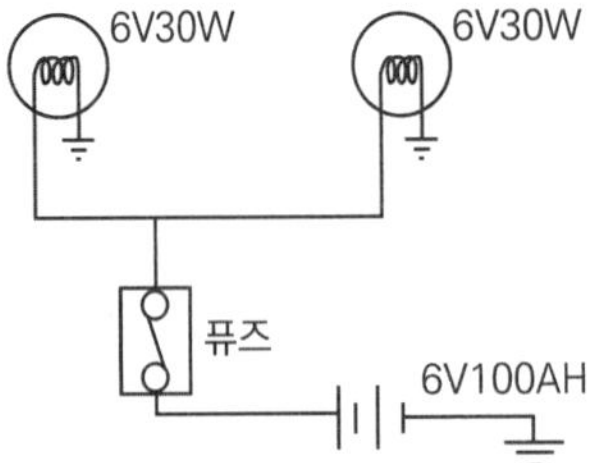

① 5A ② 10A
③ 50A ④ 100A

해설
30W + 30 W = 60W
60W = 6V × xA
x = 10

15 **클러치의 미끄러짐이 가장 현저하게 발생하는 시기는?**

① 공전 시 ② 저속 시
③ 고속 시 ④ 가속 시

해설
가속 시 클러치의 미끄러짐이 가장 현저하게 발생한다.

16 **타이어식 건설기계에서 조향바퀴의 얼라이먼트(Alignment) 종류가 아닌 것은?**

① 캐스터 ② 섹터 암
③ 토인 ④ 캠버

해설
- 캐스터
  - **정(+)의 캐스터** : 자동차를 측면에서 보았을 때 킹핀의 위쪽이 휠 허브를 지나 노면에 수직인 직선의 뒤쪽으로 기울어져 있는 상태
  - **부(−)의 캐스터** : 자동차를 측면에서 보았을 때, 킹핀의 위쪽이 휠 허브를 지나 노면에 수직인 직선의 앞쪽으로 기울어져 있는 상태
- 토우
  - **토 인** : 앞바퀴를 위에서 아래로 보았을 때 앞쪽이 뒤쪽보다 좁은 상태
  - **토 아웃** : 앞바퀴를 위에서 아래로 보았을 때 뒤쪽이 앞쪽보다 좁은 상태
- 캠버
  - **정(+)의 캠버** : 앞바퀴의 '아래'쪽이 '위'쪽보다 좁은 상태
  - **부(−)의 캠버** : 앞바퀴의 '위'쪽이 '아래'쪽보다 좁은 상태
- **킹핀 경사각** : 앞바퀴를 앞쪽에서 보았을 때 킹핀의 윗부분이 안쪽으로 경사지게 설치되어 있는데, 이때 킹핀 축 중심과 노면에 대한 수 직선이 이루는 각도

17 **튜브리스 방식 타이어(Tube Less Type Tire)의 장점이 아닌 것은?**

① 고속주행해도 발열이 적다.
② 타이어의 수명이 길다.
③ 못이 박혀도 공기가 잘 새지 않는다.
④ 타이어 펑크 수리가 간단하다.

해설
튜브 방식 타이어에 비해 타이어의 수명이 짧다.

18 **플라이휠과 압력판 사이에 설치되어 있으며, 변속기 압력축을 통해 변속기로 동력을 전달하는 것은?**

① 릴리스 포크 ② 릴리스 레버
③ 클러치 디스크 ④ 프로펠러 샤프트

19 **소화설비를 설명한 내용 중 틀린 것은?**

① 분말소화설비는 미세한 분말소화제를 화염에 방사시켜 화재를 진화시킨다.
② 포말소화설비는 저온 압축한 질소가스를 방사시켜 화재를 진화시킨다.

[정답] 14. ② 15. ④ 16. ② 17. ② 18. ③ 19. ②

③ 이산화탄소소화설비는 질식 작용에 의해 화염을 진화시킨다.
④ 물분무소화설비는 연소물의 온도를 인화점 이하로 냉각시키는 효과가 있다.

해설 포말소화설비는 거품을 덮어서 공기를 차단하여 화재를 진화시킨다.

20 연삭기를 안전하게 사용하는 방법이 아닌 것은?

① 숫돌 덮개를 설치 후 작업한다.
② 숫돌의 측면 사용을 제한한다.
③ 숫돌과 받침대의 간격을 가능한 한 넓게 유지한다.
④ 보안경과 방진마스크를 사용한다.

해설 연삭기를 안전하게 사용하기 위해서는 숫돌과 받침대의 간격을 3mm 이내로 유지한다.

21 연 100만 근로 시간당 몇 건의 재해가 발생했는가의 재해율 산출은?

① 천인율 ② 강도율
③ 연천인율 ④ 도수율

해설
- **천인율** : 근로자수 100명(또는 1000명)당 발생하는 재해자수의 비율
- **강도율** : 연 1000 근로 시간당 근로손실 일수
- **연천인율** : 근로자 1000명당 연간 발생하는 사상자 수

22 렌치 작업 시 주의 사항이 아닌 것은?

① 높거나 좁은 위치에서는 몸의 자세를 안정되게 작업한다.
② 너트보다 큰 치수를 사용한다.
③ 렌치를 해머로 두드려서는 안 된다.
④ 렌치를 너트에 깊이 물린다.

해설 너트에 딱 맞는 치수를 사용한다.

23 반드시 보호 안경을 착용하고 작업할 때와 가장 거리가 먼 것은?

① 차체에서 변속기를 탈거할 때
② 그라인더를 사용할 때
③ 정밀한 조종 작업을 할 때
④ 산소용접을 할 때

24 오픈 엔드 렌치보다 복스 렌치를 많이 사용하는 이유로 가장 적절한 것은?

① 저렴하기 때문이다.
② 가볍기 때문이다.
③ 볼트 및 너트를 완전히 감싸므로 사용 중에 미끄러지지 않기 때문이다.
④ 다양한 크기의 볼트 및 너트에 사용할 수 있기 때문이다.

25 154kV 가공 송전선로 주변에서 작업할 때에 대한 설명으로 옳은 것은?

① 사고가 발생하면 복구공사비는 전력설비가 공공재산이므로 배상하지 않는다.
② 전력선은 피복으로 절연되어 있어 크레인 등이 접촉해도 단선되지 않으면 사고는 발생하지 않는다.
③ 1회선은 3가닥으로 이루어져 있으며, 1가닥 절단 시에도 전력공급을 계속한다.
④ 건설장비가 선로에 직접적으로 접촉하지 않고 근접만 하여도 사고가 발생할 수 있다.

26 굴착 시 도로폭이 4m 이상 8m 미만일 경우 도시가스배관 지하매설 심도는?

① 0.4m 이상 ② 0.6m 이상
③ 1m 이상 ④ 1.2m 이상

[정답] 20. ③ 21. ④ 22. ② 23. ③ 24. ③ 25. ④ 26. ③

해설
- **0.6m 이상** : 굴착 시 공동주택 등의 부지 내의 경우 도시가스배관 지하매설 심도
- **1.2m 이상** : 굴착 시 도로폭 8m 이상 도로의 경우 도시가스배관 지하매설 심도

27 **다음 중 전기화재가 발생했을 때 적절하지 않은 소화장비는?**

① CO_2 소화기　② 물
③ 분말 소화기　④ 모래

해설
화재 분류
- 일반화재(A급 화재)
- 유류화재(B급 화재)
- 전기화재(C급 화재)
- 금속화재(D급 화재)

28 **렌치 작업 시 옳지 못한 행동은?**

① 스패너는 조금씩 돌리며 사용할 것
② 파이프 렌치는 반드시 둥근 물체에만 사용할 것
③ 스패너는 앞으로 당기며 사용할 것
④ 스패너의 자루가 짧다고 느낄 때는 반드시 둥근 파이프로 연결할 것

해설
렌치 작업을 할 때에는 파이프 등과 같은 연장대를 연결하여 사용하면 안 된다.

29 **아세틸렌 가스용접에 대한 설명으로 옳은 것은 ?**

① 불꽃의 온도와 열효율이 낮다.
② 이동이 불가하다.
③ 유해광선이 아크용접보다 많이 발생한다.
④ 설비비가 비싸다.

해설
아세틸렌 가스용접의 특징
- 이동이 편리하다.
- 유해광선이 아크용접보다 적게 발생한다.
- 설비비가 저렴하다.

30 **운전 중인 엔진에서 화재가 발생하였다. 그 소화 작업으로 가장 먼저 취해야 할 안전한 방법은?**

① 점화원을 차단한다.
② 원인을 분석하고 모래를 뿌린다.
③ 경찰에 신고한다.
④ 엔진을 가소(椵燒)하여 팬의 바람을 끈다.

해설
가소(椵燒) : 물질에 열을 가하여 휘발성 성분을 없애는 일

31 **산소 용기에서 산소의 누출 여부를 가장 쉽고 안전하게 점검하는 방법은?**

① 비눗물 사용　② 소음으로 점검
③ 전기불꽃 사용　④ 기름 사용

32 **가스배관용 폴리에틸렌관의 특징이 아닌 것은?**

① 부식이 잘되지 않는다.
② 도시가스 고압관으로 사용된다.
③ 지하매설용으로 사용된다.
④ 일광, 열에 약하다.

해설
도시가스 저압관으로 사용된다.

33 **산업안전보건법상 안전 · 보건표지의 종류와 형태에서 다음 그림이 나타내는 표시는?**

① 출입금지　② 차량통행금지
③ 보행금지　④ 직진금지

해설
산업안전보건법상 안전 · 보건표지의 금지표지(8종)이다. 기본모형은 빨간색, 바탕은 흰색, 부호 및 그림은 검은색이다.

[정답] 27. ② 28. ④ 29. ① 30. ① 31. ① 32. ② 33. ①

34 한국전력공사의 송전선로 전압은?

① 0.345kV ② 3.45kV
③ 34.5kV ④ 345kV

해설 한국전력공사의 송전전로 전압은 154kV, 345kV를 사용한다.

35 건설기계 정비업의 종류로 맞는 것은?

① 전문건설기계정비업, 특수건설기계정비업, 부분건설기계정비업
② 전문건설기계정비업, 종합건설기계정비업, 부분건설기계정비업
③ 전문건설기계정비업, 특수건설기계정비업, 중기건설기계정비업
④ 전문건설기계정비업, 종합건설기계정비업, 장기건설기계정비업

36 등록건설기계의 기종별 표시가 바르게 짝지어진 것은?

① 01 - 불도저
② 02 - 모터그레이더
③ 03 - 지게차
④ 04 - 덤프트럭

해설 등록건설기계의 기종별 표시

표 시	기 종	표 시	기 종
01	불도저	06	덤프트럭
02	굴착기	07	기중기
03	로 더	08	모터 그레이더
04	지게차	09	롤 러
05	스크레이퍼	10	노상 안정기

37 폭우로 가시거리가 100m 이내인 경우 또는 노면이 얼어붙은 경우 최고 속도의 얼마를 줄인 속도로 운행해야 하는가?

① 20/100 ② 30/100
③ 40/100 ④ 50/100

해설
① 최고 속도의 50/100을 줄인 속도로 운행해야 하는 경우
- 폭우로 가시거리가 100m 이내인 경우
- 노면이 얼어붙은 경우
- 폭설 · 안개 등으로 가시거리가 100m 이내인 경우
- 눈이 20mm 이상으로 쌓인 경우

② 최고 속도의 20/100을 줄인 속도로 운행해야 하는 경우
- 노면이 젖은 경우
- 눈이 20mm 미만으로 쌓인 경우

38 도로교통법상에서 정의된 긴급자동차가 아닌 것은?

① 위독환자의 수혈을 위한 혈액 운송차
② 학생운송 전용버스
③ 응급 전신 · 전화 수리공사에 사용되는 차
④ 긴급한 경찰업무수행에 사용되는 차

해설 도로교통법상에서 정의된 긴급자동차
- 위독환자의 수혈을 위한 혈액 운송 차
- 응급 전신 · 전화 수리공사에 사용되는 차
- 긴급한 경찰업무수행에 사용되는 차
- 국군이나 연합군 긴급차에 유도되고 있는 차

긴급자동차 : 소방 · 구급 · 혈액공급 자동차 및 그 밖에 대통령령이 정하는 자동차로서 그 본래의 긴급한 용도로 사용되고 있는 자동차

39 타이어식 굴착기의 정기검사 유효 기간은?

① 6개월 ② 1년
③ 2년 ④ 3년

해설 굴착기(타이어식) : 1년

[정답] 34. ④ 35. ② 36. ① 37. ④ 38. ② 39. ②

40 **음주운전 측정 및 처벌 기준에서 면허취소 수준의 기준 혈중알코올농도는 몇 % 이상인가?**

① 0.03% ② 0.05%
③ 0.08% ④ 0.10%

해설
- **술에 취한 상태의 기준 혈중알코올농도** : 0.03% 이상
- **면허정지** : 0.03% 이상 0.08% 미만
- **면허취소** : 0.08% 이상(만취상태)

41 **압력의 단위가 아닌 것은?**

① N · m ② kPa
③ bar ④ kgf/cm^2

해설
1bar ≒ 1.02kgf/cm^2 ≒ 1atm ≒ 14.5psi
≒ 100,000Pa = 100kPa = 0.1MPa

42 **기어펌프의 회전수가 변했을 때 발생하는 현상으로 가장 적절한 것은?**

① 오일 흐름 방향이 변한다.
② 회전 경사판의 각도가 변한다.
③ 오일압력이 무조건 증가한다.
④ 유량이 변한다.

43 **다음에서 유압회로에 사용되는 3가지 종류의 제어밸브를 모두 나열한 것은?**

a. 압력제어밸브	b. 속도제어밸브
c. 방향제어밸브	d. 유량제어밸브

① a, b, c ② a, b, d
③ a, c, d ④ b, c, d

해설
유압회로에 사용되는 3가지 종류의 제어밸브 : 압력제어밸브, 방향제어밸브, 유량제어밸브

44 **방향 전환 밸브의 조작방식에서 단동 솔레노이드 기호 표시는?**

① 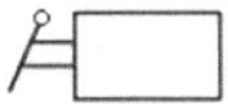 ② 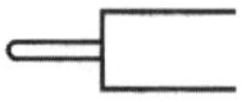
③ 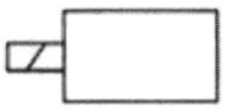 ④ 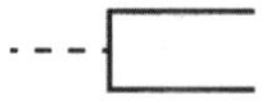

해설
- 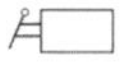 : 인력조작-레버
- 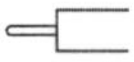 : 기계조작-플런저
- 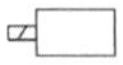 : 전자조작-단동솔레노이드
- 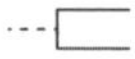 : 파일럿조작-직접작동

45 **압력제어밸브가 아닌 것은?**

① 언로드 밸브 ② 시퀀스 밸브
③ 교축밸브 ④ 릴리프 밸브

해설
- **언로드 밸브** : 일정조건에서 펌프를 무부하로 하기 위해 사용되는 밸브
- **시퀀스 밸브** : 두 개 이상의 분기회로에서 유압 엑츄에이터의 작동 순서를 제어하는 밸브
- **교축밸브** : 유량제어밸브(속도제어)
- **릴리프 밸브** : 유압이 규정값보다 높아질 때 작동하여 회로를 보호하는 밸브

46 **유압회로에서 작동유의 정상온도 범위로 가장 적절한 것은?**

① −10~5℃ ② 10~40℃
③ 50~70℃ ④ 90~120℃

해설
유압회로에서 작동유의 정상온도 범위 : 50~70℃

[정답] 40. ③ 41. ① 42. ④ 43. ③ 44. ③ 45. ③ 46. ③

47 **유압펌프에서 유량 및 유압이 낮아지는 원인으로 틀린 것은?**

① 기어 옆 부분과 펌프 내벽 사이의 간극이 클 때
② 기어와 펌프 내벽 사이의 간극이 클 때
③ 펌프 흡입라인이 막혔을 때
④ 오일탱크에 오일량이 과다할 때

해설 유량 및 유압이 낮아지는 원인
- 기어 옆 부분과 펌프 내벽 사이의 간극이 클 때
- 기어와 펌프 내벽 사이의 간극이 클 때
- 펌프 흡입라인이 막혔을 때
- 오일탱크에 오일량이 과소할 때

48 **지게차의 일상 점검 내용에 대한 설명으로 틀린 것은?**

① 작동유의 양을 점검한다.
② 각종 링크 및 핀의 마모 여부를 점검한다.
③ 타이어 손상 및 공기압을 점검한다.
④ 토크 컨버터의 오일을 점검한다.

해설 지게차의 일상 점검 사항
- 작동유의 양 점검
- 틸트 실린더의 누유 점검
- 타이어 손상 및 공기압 점검
- 배터리 커넥터 연결부의 헐거움 및 피복 벗겨짐 점검
- 배터리 전해액 수준 점검
- 계기판 표시장치 파손 점검
- 각종 링크 및 핀의 마모 점검

49 **마찰 클러치가 장착된 지게차의 동력전달 경로를 바르게 나열한 것은?**

① 엔진 → 클러치 → 변속기 → 차동장치 → 앞차축 → 앞차륜
② 엔진 → 클러치 → 변속기 → 앞차축 → 차동장치 → 앞차륜
③ 엔진 → 변속기 → 클러치 → 차동장치 → 뒤차축 → 뒷차륜
④ 엔진 → 변속기 → 차동장치 → 클러치 → 뒤차축 → 뒷차륜

해설 마찰 클러치가 장착된 지게차의 동력 전달경로 : 엔진 → 클러치 → 변속기 → 차동장치 → 앞차축 → 앞차륜

50 **지게차의 작업장치에 해당하지 않는 것은?**

① 브레이커　② 로테이팅 클램프
③ 힌지드 버킷　④ 사이드 시프트

해설
- **로테이팅 클램프** : 롤 모양의 화물을 눕히거나 세운다.
- **힌지드 버킷** : 버킷을 위 · 아래로 크게 기울여 모래, 흙 등과 같은 화물을 운반한다.
- **사이드 시프트** : 캐리지를 좌 · 우로 움직여 파렛트 간격을 맞춘다.

51 **지게차에서 리프트 레버의 기능에 대한 설명으로 옳은 것은?**

① 지게차의 마스트를 상 · 하로 움직이기 위해 조작하는 레버이다.
② 지게차의 마스트를 좌 · 우로 움직이기 위해 조작하는 레버이다.
③ 지게차의 마스트를 전 · 후로 움직이기 위해 조작하는 레버이다.
④ 지게차의 마스트를 360° 회전시키기 위해 조작하는 레버이다.

해설
- **리프트 레버** : 지게차의 마스트를 상 · 하로 움직이기 위해 조작하는 레버
- **틸트 레버** : 지게차의 마스트를 전 · 후로 움직이기 위해 조작하는 레버

[정답] 47. ④　48. ④　49. ①　50. ①　51. ①

52 **포크 무버에 대한 설명으로 옳은 것은?**

① 평면 암을 이용하여 좌 · 우로 화물을 고정시켜 파렛트 없이 운반한다.
② 캐리지를 좌 · 우로 움직여 파렛트 간격을 맞춘다.
③ 롤 모양의 화물을 눕히거나 세운다.
④ 좌 · 우 포크의 간격을 조정한다.

해설
- **베일 클램프** : 평면 암을 이용하여 좌우로 화물을 고정시켜 파렛트 없이 운반한다.
- **사이드 시프트** : 캐리지를 좌 · 우로 움직여 파렛트 간격을 맞춘다.
- **로테이팅 클램프** : 롤 모양의 화물을 눕히거나 세운다.

53 **지게차의 최대올림높이에 대한 설명으로 옳은 것은?**

① 지게차의 기준무부하 상태에서 지면과 수평 상태로 포크를 가장 높이 올렸을 때 지면에서 포크 아랫면까지의 높이를 말한다.
② 지게차의 기준부하 상태에서 지면과 수평 상태로 포크를 가장 높이 올렸을 때 지면에서 포크 아랫면까지의 높이를 말한다.
③ 지게차의 기준무부하 상태에서 지면과 수평 상태로 포크를 가장 높이 올렸을 때 지면에서 포크 윗면까지의 높이를 말한다.
④ 지게차의 기준부하 상태에서 지면과 수평 상태로 포크를 가장 높이 올렸을 때 지면에서 포크 윗면까지의 높이를 말한다.

해설
최대올림높이 : 지게차의 기준무부하 상태에서 지면과 수평 상태로 포크를 가장 높이 올렸을 때 지면에서 포크 윗면까지의 높이

54 **지게차가 적재상태일 때 마스트 경사로 적절한 것은?**

① 앞으로 기울어지게 한다.
② 뒤로 기울어지게 한다.
③ 좌측으로 기울어지게 한다.
④ 우측으로 기울어지게 한다.

해설
지게차가 적재상태일 때 마스트를 뒤로 기울어지게 한다.

55 **지게차를 주차시키는 경우 지면으로부터 포크의 적절한 위치는?**

① 지상으로부터 20cm
② 지상으로부터 30cm
③ 아무 위치나 관계없다.
④ 지면에 내려놓는다.

해설
지게차를 주차시키는 경우 포크를 지면에 내려놓는다.

56 **지게차 작업 시 안전수칙에 대한 설명으로 틀린 것은?**

① 포크를 이용하여 사람을 싣거나 들어 올리지 않는다.
② 경사지를 오르거나 내려올 때는 급회전을 금한다.
③ 화물을 적재하고 경사지를 내려갈 때는 운전 시야 확보를 위해 전진으로 운행한다.
④ 주차 시 포크를 완전히 지면에 내린다.

해설
화물을 적재하고 경사지를 내려갈 때는 운전 시야 확보를 위해 후진으로 운행한다.

[정답] 52. ④ 53. ③ 54. ② 55. ④ 56. ③

57 지게차를 이용하여 화물을 운반하는 경우 가장 적절한 것은?

① 마스트를 약 6° 정도 뒤로 경사시켜서 운반한다.
② 샤퍼를 약 6° 정도 뒤로 경사시켜서 운반한다.
③ 바이브레이터를 약 8° 정도 뒤로 경사시켜서 운반한다.
④ 댐퍼를 약 13° 정도 뒤로 경사시켜서 운반한다.

58 지게차에 화물을 적재하고 주행할 때 포크와 지면과의 간격은 얼마가 가장 적절한가?

① 지면에 밀착 ② 20~30cm
③ 50~60cm ④ 80~90cm

해설 지게차에 화물을 적재하고 주행할 때 포크와 지면과의 간격은 20~30cm가 가장 적절하다.

59 지게차를 주차할 때 안전수칙에 대한 설명 중 틀린 것은?

① 방향전환레버를 중립에 둔다.
② 주차브레이크를 해제시킨다.
③ 포크를 바닥까지 완전히 내린다.
④ 경사면에 주차하지 않는다.

해설 지게차를 주차할 때는 주차브레이크를 작동시킨다.

60 지게차를 이용하여 가파른 경사로에서 운전시 화물의 방향은?

① 화물의 크기에 따라 방향이 달라진다.
② 운전에 편의를 고려하여 방향을 결정한다.
③ 화물이 언덕 위쪽으로 가게 한다.
④ 화물이 언덕 아래쪽으로 가게 한다.

해설 지게차로 가파른 경사로에서 운전 시 화물이 언덕 위쪽으로 가게 한다.

[정답] 57. ① 58. ② 59. ② 60. ③

실전모의고사 5회

01 **부동액의 구비 조건이 아닌 것은?**

① 비등점이 물보다 낮아야 한다.
② 물과 쉽게 혼합되어야 한다.
③ 침전물이 발생하지 않아야 한다.
④ 부식성이 없어야 한다.

해설 부동액의 비등점은 물보다 높아야 한다.

02 **다음 중 디젤엔진의 연료라인 순서가 바르게 나열된 것은?**

① 연료탱크 → 연료공급펌프 → 분사펌프 → 연료필터 → 분사노즐
② 연료탱크 → 연료공급펌프 → 연료필터 → 분사펌프 → 분사노즐
③ 연료탱크 → 연료필터 → 분사펌프 → 연료공급펌프 → 분사노즐
④ 연료탱크 → 분사펌프 → 연료필터 → 연료공급펌프 → 분사노즐

해설 디젤엔진의 연료라인 순서 :
연료탱크 → 연료공급펌프 → 연료필터 → 분사펌프 → 분사노즐

03 **엔진에서 과급기의 장착 목적으로 가장 적절한 것은?**

① 배기가스의 정화
② 냉각효율의 증대
③ 윤활성의 증대
④ 엔진 출력의 증대

해설 과급기(터보차저)의 장착 목적은 체적효율을 향상시켜 엔진 출력 및 토크를 증가시키는 것이다.

04 **피스톤 링의 작용이 아닌 것은?**

① 오일제어 작용
② 열전도 작용
③ 기밀 작용
④ 완전연소 억제 작용

05 **디젤엔진에서 팬벨트 장력이 약할 때 발생하는 현상으로 옳은 것은?**

① 워터펌프 베어링이 조기에 마모된다.
② 발전기 출력이 저하될 수 있다.
③ 엔진이 부조한다.
④ 엔진이 과랭된다.

06 **디젤엔진에서 분사노즐의 요구 조건이 아닌 것은?**

① 연료를 미세한 안개 모양으로 분사하여 쉽게 착화하게 할 것
② 고온·고압에서 장기간 사용할 수 있을 것
③ 분무를 연소실의 구석구석까지 뿌려지게 할 것
④ 연료의 분사 끝에서 후적이 발생할 것

해설 디젤엔진에서 분사노즐은 연료의 분사 끝에서 후적이 발생하지 않아야 한다.

※ 연료분사 및 분사노즐의 3대 조건 :
무화, 분산, 관통

07 **디젤엔진의 진동이 심해지는 원인으로 틀린 것은?**

① 실린더 수가 많을수록 진동이 심해진다.
② 피스톤 및 커넥팅로드의 중량 차이가 클수록 진동이 심해진다.

[정답] 01. ① 02. ② 03. ④ 04. ④ 05. ② 06. ④ 07. ①

③ 실린더 마모로 인해 각 기통별 실린더 안지름의 차이가 클수록 진동이 심해진다.
④ 연료 분사량 및 분사압력의 불균형이 클수록 진동이 심해진다.

08 다음 중 오토엔진 대비 디젤엔진의 장점이 아닌 것은?

① 연료소비율이 낮다.
② 가속성이 좋고 운전이 정숙하다.
③ 열효율이 높다.
④ 비교적 화재 위험이 적다.

해설 ③ : 오토엔진의 장점
※ 오토엔진 ≒ 가솔린 엔진

09 엔진 시동회로에서 전력공급선의 전압강하는 몇 V 이하이면 정상인가?

① 0.2V ② 1.0V
③ 9.5V ④ 10.5V

해설 엔진 시동회로에서 전력공급선의 전압강하는 0.2V 이하이면 정상이다.

10 교류발전기의 구성부품 중에서 교류를 직류로 변환하는 것은?

① 로터 ② 스테이터
③ 콘덴서 ④ 다이오드

해설 다이오드 : 교류를 직류로 변환한다.(정류작용)

11 MF배터리가 아닌 일반 납산배터리를 관리할 경우 정기적으로 얼마마다 충전하는 것이 좋은가?

① 약 15일 ② 약 30일
③ 약 45일 ④ 약 60일

해설 배터리의 자기방전을 방지하기 위해서는 최소 15일에 한 번씩 배터리를 차량에 장착하여 시동을 걸거나 외부 충전기를 이용하여 충전해야 한다.

12 납산배터리의 특징에 대한 설명으로 틀린 것 은?

① 시동 시 시동전동기에 전원을 공급한다.
② 양극판은 해면상납, 음극판은 과산화납을 사용하며 전해액은 묽은 황산을 이용한다.
③ 발전기가 고장 시 일시적인 전원을 공급한다.
④ 발전기의 출력 및 부하의 불균형을 조정한다.

해설 양극판은 과산화납, 음극판은 해면상납을 사용하며 전해액은 묽은 황산을 이용한다.

13 다음 중 퓨즈에 대한 설명으로 틀린 것은?

① 퓨즈는 정격용량을 사용한다.
② 퓨즈가 끊어졌을 때 철사를 대용하여도 된다.
③ 퓨즈 용량은 암페어(A)로 표시한다.
④ 퓨즈의 표면이 산화되면 끊어지기 쉽다.

해설 퓨즈가 끊어졌을 때 규정용량의 신품 퓨즈로 교환한다.

14 토크 컨버터에서 토크가 최댓값이 되는 점을 무엇이라 하는가?

① 스톨 포인트 ② 회전력
③ 변속비 ④ 종감속비

해설 스톨 포인트 : 토크 컨버터에서 토크가 최댓값이 되는 점

[정답] 08. ② 09. ① 10. ④ 11. ① 12. ② 13. ② 14. ①

15 **건설기계에서 주로 사용하는 시동전동기의 형식은?**

① 교류 전동기
② 직류 직권 전동기
③ 직류 분권 전동기
④ 직류 복권 전동기

해설
- **직류 직권 전동기** : 계자코일과 전기자코일을 서로 직렬로 연결한다.
- **직류 분권 전동기** : 계자코일과 전기자코일을 서로 병렬로 연결한다.
- **직류 복권 전동기** : 계자코일과 전기자코일을 서로 직·병렬로 연결한다.

16 **긴 내리막을 내려갈 때 베이퍼록 현상을 방지하기 위한 운전방법은?**

① 클러치를 차단하고 브레이크 페달을 밟고 내려간다.
② 시동을 끄고 브레이크 페달을 밟고 내려간다.
③ 엔진 브레이크를 사용한다.
④ 변속레버를 중립으로 놓고 브레이크 페달을 밟고 내려간다.

해설
베이퍼록(Vapor Lock) 현상 : 브레이크액에 기포가 발생하여 브레이크 작동이 불량해지는 것을 말한다. 긴 내리막길을 내려갈 때 지나치게 브레이크를 많이 사용하면 바퀴 부분의 마찰열 때문에 브레이크 계통 내의 브레이크액이 기화하여 기포가 형성된다.

17 **타이어식 건설기계에서 조향 차륜의 얼라인먼트 요소가 아닌 것은?**

① 캠버
② 부스터
③ 토인
④ 캐스터

해설
- 캐스터
  - **정(+)의 캐스터** : 자동차를 측면에서 보았을 때 킹핀의 위쪽이 휠 허브를 지나 노면에 수직인 직선의 뒤쪽으로 기울어져 있는 상태
  - **부(−)의 캐스터** : 자동차를 측면에서 보았을 때, 킹핀의 위쪽이 휠 허브를 지나 노면에 수직인 직선의 앞쪽으로 기울어져 있는 상태
- 토우
  - **토 인** : 앞바퀴를 위에서 아래로 보았을 때 앞쪽이 뒤쪽보다 좁은 상태
  - **토 아웃** : 앞바퀴를 위에서 아래로 보았을 때 뒤쪽이 앞쪽보다 좁은 상태
- 캠버
  - **정(+)의 캠버** : 앞바퀴의 '아래'쪽이 '위'쪽보다 좁은 상태
  - **부(−)의 캠버** : 앞바퀴의 '위'쪽이 '아래'쪽보다 좁은 상태
- **킹핀 경사각** : 앞바퀴를 앞쪽에서 보았을 때 킹핀의 윗부분이 안쪽으로 경사지게 설치되어 있는데, 이때 킹핀 축 중심과 노면에 대한 수 직선이 이루는 각도

18 **타이어의 트레드(Tread)에 대한 설명 중 틀린 것은?**

① 트레드가 마모되면 열의 발산이 불량하게 된다.
② 트레드가 마모되면 지면과의 접촉 면적이 커짐으로써 마찰력이 증대되어 제동 성능이 향상된다.
③ 트레드가 마모되면 구동력과 선회능력이 저하된다.
④ 타이어 공기압이 높으면 트레드의 양단부보다 중앙부의 마모가 크다.

해설
트레드가 마모되면 지면과의 접촉 면적이 다소 커지지만 마찰력이 저하되어 제동 성능이 떨어진다.

19 **한국전력공사 고객 센터 및 전기 고장 신고 전화번호는?**

① 118
② 123
③ 1301
④ 1339

해설
한국전력공사 고객 센터 및 전기 고장 신고 전화번호는 123이다.

[정답] 15. ② 16. ③ 17. ② 18. ② 19. ②

20 크레인 인양 작업 시 줄걸이 안전 사항으로 틀린 것은?

① 권상 작업 시 지면에 있는 보조자는 와이어로프를 손으로 꼭 잡아 화물이 흔들리지 않게 한다.
② 신호자는 기본적으로 1인이다.
③ 2인 이상의 고리 걸이 작업 시 상호간에 소리를 내면서 한다.
④ 신호자는 운전자가 잘 볼 수 있는 안전한 위치에서 신호를 보낸다.

21 해머작업에 대한 설명으로 틀린 것은?

① 자루가 단단한 것을 사용한다.
② 장갑을 끼지 않는다.
③ 적절한 무게의 해머를 사용한다.
④ 처음부터 해머를 힘차게 때린다.

22 도시가스 관련법상에서 공동주택 등외의 건축물 등에 가스를 공급하는 경우 정압기에서 가스사용자가 소유하거나 점유하고 있는 토지의 경계까지에 이르는 배관은?

① 공급관 ② 본관
③ 내관 ④ 주관

해설
- **본관** : 도시가스 제조사업소의 부지 경계에서 정압까지 이르는 배관
- **내관** : 가스사용자가 소유하고 있는 토지의 경계에서 연소기까지 이르는 배관

23 도로 굴착자가 가스배관 매설위치를 확인 시 인력으로 굴착을 실시해야 하는 범위는?

① 가스배관의 보호판이 식별되었을 때
② 가스배관의 주위 0.3m 이내
③ 가스배관의 주위 0.5m 이내
④ 가스배관의 주위 1m 이내

24 안전사고와 부상의 종류 중 재해의 분류상 중상해란 어느 정도의 상해를 말하는가?

① 부상으로 인해 1일 이상 7일 이하의 노동 손실을 가져온 상해 정도
② 부상으로 인해 8일 이상의 노동 손실을 가져온 상해 정도
③ 응급처치 이하의 상처로 작업에 종사하면서 치료를 받는 상해 정도
④ 업무로 인해 목숨을 잃게 된 경우

해설
- **경상해** : 부상으로 인해 1일 이상 7일 이하의 노동 손실을 가져온 상해 정도
- **무상해 사고** : 응급처치 이하의 상처로 작업에 종사하면서 치료를 받는 상해 정도
- **사망** : 업무로 인해 목숨을 잃게 된 경우

25 사고의 직접적인 원인으로 가장 적합한 것은?

① 불안전한 행동 및 상태
② 유전적인 요소
③ 성격 결함
④ 사회적 환경 요인

26 풀리(Pulley)에 벨트를 걸 때 어떤 상태에서 걸어야 하는가?

① 저속으로 회전 상태
② 회전이 정지한 상태
③ 중속으로 회전 상태
④ 고속으로 회전 상태

해설
풀리(Pulley)에 벨트를 걸 때 회전이 정지한 상태에서 걸어야 한다.

27 전력케이블은 차도에서 지표면 아래 어느 정도 깊이에 매설되어 있는가?

① 0.2~0.5m ② 1.0~1.5m
③ 30cm 이상 ④ 60cm 이상

[정답] 20. ① 21. ④ 22. ① 23. ④ 24. ② 25. ① 26. ② 27. ②

해설
- 차도 및 중량물의 압력을 받는 장소의 경우 지중 전선로는 최소 1.0m 이상 깊이에 매설해야 한다.
※ 차도 및 중량물의 압력을 받는 장소 이외 기타 장소의 경우 0.6m 이상 깊이에 매설해야 한다.

28 **안전 · 보건표지의 종류 및 형태에서 다음 그림이 표시하는 것은?**

① 안전화 착용 ② 안전복 착용
③ 방독 마스크 착용 ④ 방진 마스크 착용

해설
산업안전보건법상 안전 · 보건표지의 지시표지(9종)이다. 바탕은 파란색, 그림은 흰색이다.

보안경 착용	안전모 착용	귀마개 착용	방진마스크 착용	방독마스크 착용

안전복 착용	안전화 착용	안전장갑 착용	보안면 착용	

29 **전기화재에 해당하는 것은?**

① A급 화재 ② B급 화재
③ C급 화재 ④ D급 화재

해설
화재의 분류
- 일반화재(A급 화재)
- 유류화재(B급 화재)
- 전기화재(C급 화재)
- 금속화재(D급 화재)

30 **아세틸렌가스 용기의 취급 방법에 대한 설명으로 틀린 것은?**

① 전도, 전락방지 조치를 할 것
② 충전용기와 빈 용기는 명확히 구분하여 각각 보관할 것
③ 용기의 온도는 60℃로 유지할 것
④ 용기는 반드시 세워서 보관할 것

해설
아세틸렌가스 용기의 온도는 40℃ 이하로 할 것

31 **건설기계의 정기검사 유효 기간이 연장될 수 있는 경우의 설명으로 틀린 것은?**

① 압류된 건설기계의 경우 – 압류기간 이내
② 타워크레인 또는 천공기가 해체된 경우 – 해체되어 있는 기간 이내
③ 건설기계 대여업을 휴지한 경우 – 3개월 이내
④ 해외 임대를 위해 일시 반출되는 경우 – 반출 기간 이내

해설
건설기계 대여업을 휴지한 경우 – 휴지기간 이내
※ 건설기계의 정기검사를 연기하는 경우에는 그 연기 기간을 6개월 이내로 한다.

32 **건설기계 조종사의 면허취소 사유인 것은?**

① 과실로 중대재해가 발생한 때
② 안전교육 등을 받지 않고 건설기계를 조종한 때
③ 3천만 원 재산피해를 입힌 때
④ 고의 또는 과실 이외 인명피해를 입힌 때

해설
면허취소 사유
- 고의로 인명피해를 입힌 경우
- 과실로 중대재해가 발생한 경우
- 거짓이나 부정한 방법으로 건설기계조종사면허를 받은 경우
- 건설기계조종사면허의 효력정지기간 중 건설기계를 조종한 경우
- 정기적성검사를 받지 않거나 적성검사에 불합격한 경우

※ **3천만 원 재산피해를 입힌 때** : 면허효력정지 60일(50만 원당 1일, 최대 90일을 넘지 못함)

[정답] 28. ② 29. ③ 30. ③ 31. ③ 32. ①

33 **건설기계 운전자가 조종 중 고의로 인명피해를 입히는 사고를 일으킨 경우 면허처분 기준은?**

① 면허효력 정지 5일
② 면허효력 정지 15일
③ 면허효력 정지 45일
④ 면허취소

해설
- **면허효력 정지 5일** : 고의 또는 과실 이외 기타 인명 피해를 입힌 경우 경상 1명마다
- **면허효력 정지 15일** : 고의 또는 과실 이외 기타 인명 피해를 입힌 경우 중상 1명마다
- **면허효력 정지 45일** : 고의 또는 과실 이외 기타 인명 피해를 입힌 경우 사망 1명마다

34 **건설기계의 소유자는 어느 령이 정하는 바에 의하여 건설기계 등록을 해야 하는가?**

① 대통령령 ② 국무총리령
③ 시 · 도지사령 ④ 국토교통부장관령

35 **건설기계관리법상 소형건설기계로 분류되는 것은?**

① 5t 미만 굴착기 ② 5t 미만 지게차
③ 5t 이상 천공기 ④ 5t 미만 로더

해설
소형건설기계의 분류
- 3t 미만 굴착기
- 3t 미만 지게차
- 5t 미만 천공기
- 5t 미만 로더
- 3t 미만 타워크레인

36 **일시 정지 안전 표지판이 설치된 횡단보도에서 위반되는 경우는?**

① 횡단보도 직전에 일시 정지하여 안전을 확인 후 통과하였다.
② 경찰공무원이 진행신호를 하여 일시정지하지 않고 통과하였다.
③ 보행자가 보이지 않아 그대로 통과하였다.
④ 연속적으로 진행 중인 앞차의 뒤를 따라 진행할 때 일시 정지하였다.

37 **차마(車馬)가 도로 이외의 장소에 출입하기 위해 보도를 횡단하려고 할 때 가장 적절한 통행 방법은?**

① 보도 직전에서 일시 정지하여 보행자의 통행을 방해하지 않아야 한다.
② 보행자가 있어도 차마(車馬)가 우선 출입한다.
③ 보행자 유무에 관계없이 주행한다.
④ 보행자가 없으면 빨리 주행한다.

38 **방향전환밸브의 조작방식에서 단동 솔레노이드 기호 표시는?**

① 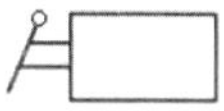
② 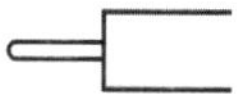
③ 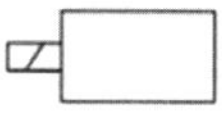
④ 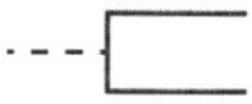

해설
- 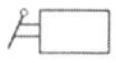 : 인력조작–레버
- 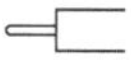 : 기계조작–플런저
- 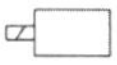 : 전자조작–단동솔레노이드
- 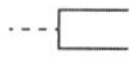 : 파일럿조작–직접작동

39 **유압펌프에서 소음이 발생할 수 있는 원인이아닌 것은?**

① 펌프의 속도가 느릴 때
② 오일의 양이 적을 때
③ 오일의 점도가 너무 높을 때
④ 오일 속에 공기가 유입될 때

40 **방향 제어 밸브에서 내부 누유에 영향을 미치는 요소가 아닌 것은?**

① 밸브 간극의 크기
② 흡입 여과기
③ 관로의 유량
④ 밸브 양단의 압력차

[정답] 33. ④ 34. ① 35. ④ 36. ③ 37. ① 38. ③ 39. ① 40. ③

41 **유압유의 압력에너지(힘)를 기계적 에너지(일)로 변환시키는 작용을 하는 것은?**

① 유압펌프 ② 액추에이터
③ 어큐뮬레이터 ④ 유압 밸브

해설
- **유압펌프** : 엔진의 기계적 에너지를 유압 에너지로 변환
- **어큐뮬레이터** : 유체에너지를 일시 저장하여 맥동 및 충격압력을 흡수하고 부하가 클 때 저장해둔 에너지를 방출하여 순간적인 과부하를 방지

42 **유압회로에 흐르는 압력이 설정된 압력 이상으로 상승하는 것을 방지하기 위한 밸브는?**

① 릴리프 밸브
② 감압 밸브
③ 시퀀스 밸브
④ 카운터 밸런스 밸브

해설
- **감압 밸브** : 1차측 압력과 관계없이 분기회로에서 2차측 압력을 설정 압력까지 감압하는 밸브
- **시퀀스 밸브** : 2개 이상의 분기회로에서 유압 액추에이터의 작동 순서를 제어하는 밸브
- **카운터 밸런스 밸브** : 중력으로 인해 낙하를 방지하기 위해 배압을 유지하는 밸브

압력제어밸브의 종류 : 릴리프 밸브, 감압 밸브, 시퀀스 밸브, 카운터 밸런스 밸브 등

43 **유압유의 가장 중요한 성질은?**

① 열효율 ② 온도
③ 점도 ④ 습도

44 **오일 펌프의 종류가 아닌 것은?**

① 베인 펌프 ② 기어 펌프
③ 진공 펌프 ④ 플런저 펌프

해설
오일펌프의 종류 : 베인 펌프, 기어 펌프 플런저 펌프

45 **유압장치의 불순물 및 금속가루를 제거하기 위한 장치로 바르게 나열된 것은?**

① 스크레이퍼, 필터
② 여과기, 어큐뮬레이터
③ 필터, 스트레이너
④ 어큐뮬레이터, 스트레이너

46 **압력 제어 밸브의 역할은?**

① 일의 속도 결정 ② 일의 시간 결정
③ 일의 크기 결정 ④ 일의 방향 결정

해설
- **압력 제어 밸브의 역할** : 일의 크기 결정
- **유량 제어 밸브의 역할** : 일의 속도 결정
- **방향 제어 밸브의 역할** : 일의 방향 결정

47 **호이스트형 유압호스 연결부에 가장 많이 사용하는 것은?**

① 니플 조인트 ② 유니온 조인트
③ 엘보 조인트 ④ 소켓 조인트

해설
유니온 조인트 : 호이스트형 유압호스 연결부에 가장 많이 사용한다.

48 **다음에서 (　　) 안에 들어갈 말을 바르게 짝지은 것은?**

> 일반적으로 지게차는 (㉠)바퀴 구동방식, (㉡)바퀴 조향방식을 취한다.

① ㉠ : 앞, ㉡ : 앞 ② ㉠ : 앞, ㉡ : 뒷
③ ㉠ : 뒷, ㉡ : 뒷 ④ ㉠ : 뒷, ㉡ : 앞

해설
일반적으로 지게차는 앞바퀴 구동방식, 뒷바퀴 조향방식을 취한다.

49 **지게차에서 카운터 웨이트의 역할에 대한 설명으로 가장 적절한 것은?**

① 엔진 출력을 향상시킨다.
② 지게차의 앞쪽에 설치되어 있다.
③ 지게차의 앞쪽에 집중되는 화물의 무게중심을 후방으로 이동시킨다.

[정답] 41. ② 42. ① 43. ③ 44. ③ 45. ③ 46. ③ 47. ② 48. ② 49. ③

④ 제동거리를 줄여준다.

해설 **카운터 웨이트** : 지게차의 뒤쪽에 설치되어 있으며 앞쪽에 집중되는 화물의 무게중심을 후방으로 이동시킨다.

50 지게차의 작업장치가 아닌 것은?

① 로드 스태빌라이저
② 태그라인
③ 베일 클램프
④ 힌지드 포크

해설
- **로드 스태빌라이저** : 화물을 아래쪽의 포크와 위쪽의 압력판으로 고정시켜 흔들림을 방지한다.
- **베일 클램프** : 평면 암을 이용하여 좌 · 우로 화물을 고정시켜 파렛트 없이 운반한다.
- **힌지드 포크** : 포크를 위 · 아래로 크게 기울여 드럼통과 같은 화물을 운반한다.

51 지게차에서 틸트 실린더의 주된 역할은?

① 차체 수평 유지
② 차체 좌 · 우 회전
③ 마스트 전 · 후 경사각 유지
④ 포크 상 · 하 이동

해설
- **차체 좌 · 우 회전** : 조향 실린더의 주된 역할
- **포크 상 · 하 이동** : 리프트 실린더의 주된 역할

52 지게차의 체인장력을 조정하는 방법으로 틀린 것은?

① 체인장력 조정 후 잠금(lock) 너트를 풀어 준다.
② 손으로 체인을 눌렀을 때 양쪽이 다르면 조정 너트를 이용하여 조정한다.
③ 포크를 지상에서 약간 올린 후 조정한다.
④ 좌 · 우 체인이 동시에 평행한지 여부를 확인한다.

해설 체인장력 조정 후 잠금(lock) 너트를 조인다.

53 지게차의 유압탱크를 점검하려고 한다. 점검 전 포크의 위치로 가장 적절한 것은?

① 포크를 중간 높이로 위치시킨 후 점검한다.
② 포크를 최대 높이로 위치시킨 후 점검한다.
③ 포크를 지면에 위치시킨 후 점검한다.
④ 최대적재량의 하중으로 포크를 지상으로부터 떨어지게 위치시킨 후 점검한다.

54 지게차의 유압을 빠르게 작동시켜 신속히 화물을 상승 및 적재시키거나 앞뒤 방향으로 서서히 화물에 근접시킬 때 사용하는 장치는?

① 브레이크 페달
② 인칭조절 페달
③ 가속 페달
④ 감속 페달

해설 **인칭조절 페달** : 지게차의 유압을 빠르게 작동시켜 신속히 화물을 상승 및 적재시키거나 앞뒤 방향으로 서서히 화물에 근접시킬 때 사용하는 장치

55 지게차의 기준부하 상태에 대한 설명으로 옳은 것은?

① 지면으로부터의 높이가 300mm인 수평 상태의 지게차의 포크 윗면에 최대하중이 고르게 가해지는 상태를 말한다.
② 지면으로부터의 높이가 500mm인 수평 상태의 지게차의 포크 윗면에 최대하중이 고르게 가해지는 상태를 말한다.

[정답] 50. ② 51. ③ 52. ① 53. ③ 54. ② 55. ①

③ 지면으로부터의 높이가 300mm인 수평 상태의 지게차의 포크 윗면에 최소하중이 고르게 가해지는 상태를 말한다.
④ 지면으로부터의 높이가 500mm인 수평 상태의 지게차의 포크 윗면에 최대하중이 집중되어 가해지는 상태를 말한다.

해설 **지게차의 기준부하 상태** : 지면으로부터의 높이가 300mm인 수평 상태의 지게차의 포크 윗면에 최대하중이 고르게 가해지는 상태

56 지게차의 안전수칙에 대한 설명 중 틀린 것은?

① 엔진 정지 후 연료를 보충한다.
② 안전벨트를 착용한다.
③ 물체를 가능한 한 높이 올린 상태로 주행 및 선회한다.
④ 주행 중 급선회를 하지 않는다.

해설 물체를 가능한 한 높이 올린 상태로 주행 및 선회하지 않는다.

57 지게차를 이용하여 적재작업을 할 때 주의사항이 아닌 것은?

① 화물을 높이 들어 하단부분을 확인하며 서서히 출발할 것
② 화물 앞에서 일단 정지할 것
③ 운반하려는 화물 근처에 가면 서서히 속도를 줄일 것
④ 화물의 파손 및 무너짐 등 위험요소를 확인할 것

해설 화물을 지면에서 20~30cm 정도 들어 주변을 확인하며 서서히 출발해야 한다.

58 지게차를 이용한 작업방법에 대한 설명으로 틀린 것은?

① 주행방향을 바꿀 시 완전 정지 상태 또는 저속 상태에서 주행한다.
② 경사로에서는 후진으로 내려온다.
③ 조향륜이 지면으로부터 5cm 이하로 떨어졌을 시 밸런스 카운터 중량을 증가시킨다.
④ 화물이 백 레스트에 완전히 닿도록 틸트한 상태에서 주행한다.

해설 조향륜이 지면으로부터 떨어지지 않도록 밸런스카운터 및 화물의 중량을 고려하여 작업한다.

59 지게차로 화물을 운반 시 주의 사항으로 옳은 것은?

① 화물 운반 거리는 5m 이내로 한다.
② 경사지를 운전할 경우 화물을 아래쪽으로 한다.
③ 노면 상태가 좋지 않을 경우 고속으로 운행한다.
④ 지면으로부터 약 20~30cm 상승시킨 후 운전한다.

해설
- 화물 운반 거리는 100m 이내로 한다.
- 경사지를 운전할 경우 화물을 위쪽으로 한다.
- 노면 상태가 좋지 않을 경우 저속으로 운행한다.

60 지게차의 작업장치에서 포크가 한쪽으로 기울어졌다. 그 원인으로 가장 적절한 것은?

① 한쪽 체인이 늘어났다.
② 한쪽 롤러가 마모되었다.
③ 한쪽 리프트의 실린더가 마모되었다.
④ 한쪽 실린더의 작동유가 부족하다.

해설 한쪽 체인이 늘어나면 포크가 한쪽으로 기울어질 수 있다.

[정답] 56. ③ 57. ① 58. ③ 59. ④ 60. ①

1일 완전합격
지게차운전기능사 필기시험문제

발 행 일 2025년 2월 10일 개정6판 2쇄 발행
2025년 3월 10일 개정6판 3쇄 발행

저 자 건설기계자격검정위원회

발 행 처 크라운출판사
http://www.crownbook.co.kr

발 행 인 李尙原
신고번호 제 300-2007-143호
주 소 서울시 종로구 율곡로13길 21
공 급 처 (02) 765-4787, 1566-5937
전 화 (02) 745-0311~3
팩 스 (02) 743-2688, 02) 741-3231
홈페이지 www.crownbook.co.kr
I S B N 978-89-406-4894-0 / 13550

특별판매정가 14,000원

이 도서의 문의를 편집부(02-744-4959)로 연락주시면
친절하게 응답해 드립니다.